蓋自己的房子
最強建築師
協力造屋實踐方案

從找地、規劃到營造，
30 位建築師詳解台灣單棟住宅設計

編者的話

　　台灣小建築的濫觴約始於自千禧年起時興的民宿自地自建風潮。回顧這 10 多年來，有一群默默守望的建築人不停思索居住者與土地和建築之間的關係，扮演起先行者的角色，努力探究空間本質，形塑不同可能；時至今日，亦有更多中青世代加入，透過嶄新的視野及願景，演繹出截然不同的特色面貌。

　　本書特別按照編年方式（依建築師開業時間先後及姓名筆劃排序），並透過「1994年宜蘭厝運動」、「2005年戰後嬰兒潮規劃退休」、「2009年農業政策鼓勵青年返鄉」，

以及「2012 年《京都議定書》效期延長引起環境議題關注」等 4 個對於台灣小建築發展而言重要的歷史轉捩點作區分，跟隨 30 位建築師的腳步，尋訪散落全台各地的小建築作品，進而藉由生活機能、基地氣候、環境地景、材質主張、構造工法、人文群落等 6 大核心思考關鍵出發，一窺當代建築人如何解開單棟住宅小建築這道「難解」的設計習題，進而與自己心目中最理想的建築師配對。

2018 年 10 月　李奕霆

圖片提供_柏林寺冷室內設計 + 建築事務所

Contents

Part **1** 配對理想建築師，
打造 1+1>2 合宜住居

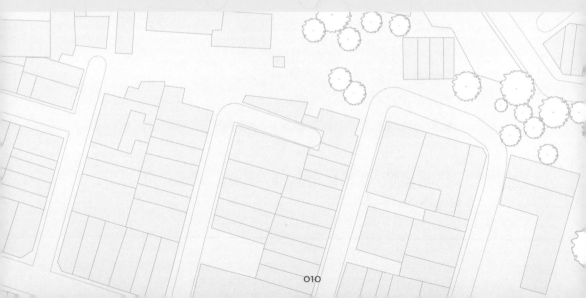

圖片提供__behet bondzio lin architects x 清水建築工坊

Point

1

找地蓋屋流程
Step by Step 詳解

花費時間	蓋屋前——準備期		評估土地需求
應做計畫	情報蒐集	資金儲備	評估土地需求
執行內容	利用網站、報章雜誌等資源，蒐集房屋建造、土地情報等相關知識。	一般土地貸款的額度最多僅6成5，資金籌備需根據自己的年收入與儲蓄習慣妥善規劃，且將蓋屋、室內裝修等費用估算在內。	依自身需求，找尋適合的土地。評估的考量點可能有地緣、交通通勤、社區機能、治安、學區、未來是否從農……等。
可能花費	購買報章雜誌及相關書籍的費用。	土地貸款的額度最多僅6成5，因此購地資金至少需有4成自備款。	

想要買地蓋房的人，很容易遇到以下問題：要去哪裡買地？如何起頭找資料？買完了地又該怎麼做才對？什麼時候才可以找建築師？為了解決你的困擾，本篇特別歸納找地蓋屋 7 大流程，協助你迅速進入狀況。

找地買地——6個月至1年以上

找尋合適管道	看地注意事項	下訂買地
都市計畫內建地可透過網站、不動產經紀業者、報紙廣告等管道尋找；農地可向各地農會的農地銀行洽詢；法拍地則可經由法院公布欄、法拍代辦業者網站與定期刊物查詢等方式搜尋；國有土地釋出可查詢國有財產局網站公告。	例如必須注意是否太偏遠？水管、電線是否拉得到？平原區不要與鄰居分隔太遠，需留意防盜等問題。臨海是否容易受漲潮、颱風等天然災害影響？山坡地是否為土石流高危險區？	找內政部核發「地政士證書」者處理買賣、過戶登記手續，程序約1個月，流程如下： 1 簽約、用印：準備身分證、印章及簽約金。 2 貸款：準備土地登記謄本、地籍圖、貸款人薪資證明、所得稅扣繳憑單或營利事業登記證、理財存摺封面與最近一年交易紀錄等資料。 3 鑑界：請賣方委請地政事務所鑑界（NT.4,000元／筆）。 4 交地、過戶：準備土地所有權狀正本、印鑑證明、買賣雙方身分證明、土地所有權狀、完稅證明（若為農地需檢附「農業用地作農業使用證明」）等資料，到地政事務所辦理過戶。

- **土地費**：可參考各縣市公告地價估算費用，一般來說，公告地價約等於市價的40～80%，但各地區有極大差異，建議多方詢價、比較。
- **仲介費**：目前土地仲介費大約以不超過土地價格的6%為限，但各地區與不動產經紀人所需之仲介費用不一，建議多方比較。
- **地政士代辦費**：地政士執行業務費依委託代辦事項及各地區定價不一，約NT.7,000～12,000元，部分地區由買方完全支付，宜蘭、屏東地區則為買、賣雙方各付一半，其中簽約金約NT.2,000元／筆，土地登記約NT.5,500元／筆。
- **申請規費**：地政事務所登記規費為土地申報地價的千分之一；買賣印花稅則為土地公告現值的千分之一。

花費時間	規劃設計圖——6個月至1年以上			
應做計畫	**找尋合適建築師**	**與事務所會談**	**契約訂定**	**現場勘查**
執行內容	可依自身需求,尋找2～3家事務所分別詢價與設計,選擇最適合自己的建築師。未簽約不會拿到設計圖,但有的事務所只做設計,依設計圖或個案酌收設計費,部分事務所則依照設計、監造、建照申請等服務,收取不同費用。	與建築師進行多次會談,完整傳達對房屋的需求與想望。	若是與建築師簽約,需確認是重點監造,還是派員駐點監造。	蓋屋前,建築師會到現場勘查,不論基地位於何處,均需請地政測量技師進行地界、地上物及高程(坡度)測量。
可能花費	·**測量費**:建築設計前需進行包含地界、地上物及高程(坡度)等測量,費用依人員、工時、機具及土地等條件而定,收費標準不一。 ·**地質鑽探費**:若在蓋屋前有必要確認地質狀況,可能會請到專業地質鑽探公司進行評估,費用依面積、鑽孔數與施工難易度而所不同,約數萬元。 ·**指定建築線**:房屋申請建造之前,需先向當地都市計畫相關主管單位申請指定建築線,依所臨道路之多寡費用不一,約數萬元。 ·**建築公會掛號**:申請建照前,需先掛號送交當地建築公會審核,並預繳建築設計費的7成給公會,建照審核通過後退還。這筆費用需由起造人預先支付。 ·**設計費**:若只單純做設計而不含監造,各建築師事務所收費標準不一,有的依設計圖收費,但也有的以整筆設計費計算,詳情洽詢各事務所。 ·**監造費**:建築師酬金含設計、申請建照與重點監造(不派員駐點)費用,各地區收費標準不一,約為總工程款的5.5～11%,情可參考中華民國全國建築師公會網站(www.naa.org.tw)的「建築師酬金標準」,或向各事務所洽詢。			

設計圖規劃

針對設計進行來回修改，確認最終圖面，並列出所需費用。確認後可開始著手申請建照。

興建申請——3至6個月

使用資格申請	地質水土保持確認	申請建照
申請建築執照前，農地持有人需拿到「無農舍證明」，並申請「農業用地作農業使用證明」。	山坡地申請建照前，需先請水保技師進行現場勘查，並經水土保持計畫審查通過、核發水保證明後方能使用。	建照申請流程屬各地方政府單行法規，可向各縣市政府建築管理單位查詢。過程約需1～3個月。

- **水土保持計畫審查費**：山坡地若超過一定面積，需提出水土保持計畫，審查通過才能申請建照。收費標準可參考行政院農業委員會水土保持局網站（www.swcb.gov.tw）。
- **山坡地開發利用回饋金**：提出水土保持計畫需繳交山坡地開發利用回饋金，費用依當地主管機關規定，以開發面積乘以當期土地公告現值約6～12％不等。
- **申請規費**：依建築法第29條規定，直轄市、縣（市）（局）主管建築機關核發執照時，應依下列規定，向建築物之起造人或所有人收取規費或工本費：
  1. 建造執照及雜項執照：按建築物造價或雜項工作物造價收取千分之一以下之規費。如有變更設計時，應按變更部分收取千分之一以下之規費。
  2. 使用執照：收取執照工本費。
  3. 拆除執照：免費發給。

花費時間	施工——6個月至1年以上			
應做計畫	整地或拆除	補強地盤	基礎工事	監工檢查
執行內容	需清除土地上的雜草及碎石，若原基地上有房屋，則需另外拆除。地上物拆除需事先申請執照，若未申請而被舉發，將受罰且需補申請。	依需求而定，若地盤為較鬆動之區域，需另外施作補強措施。	針對建築本體，依木構造、RC（鋼筋混凝土）、SS（鋼構）、SRC（鋼骨鋼筋混凝土）、加強磚造等形式、結構、工法之不同，其建築程序各異。	建築師在監造過程中會確認營建廠商是否按圖、既定程序與進度施工，並配合建築管理機關抽驗。
可能花費	·**測量費**：收費標準不一，依施工天數、人員、機具、清運等項目分別計費，不同的地區及土地條件也會有所差異。 ·**拆除費**：同上。 ·**營建費**：依不同的設計、建材、施工方法，費用不一，且按工程進度分數期收費。			

室內裝潢

建築於設計階段即可將室內設計連帶考量進來，即便另找室內設計師，最好能在規劃期便開始與建築師協調，才能避免不必要的二次施工。

完工——1至3個月

建造完成	完工檢查	使用執照申請
若有需求，可申請房屋貸款作為營建資金來源。	邀請建築師或其他第三者來檢查。	詳細內容按照地方政府單行法規而定，需備妥相關證明文件向建築管理單位提出申請，流程包含現場會勘等程序，約20天左右。

· **營建尾款支付**：依簽訂合約給付工程尾款。
· **申請規費**：使用執照申請需依照各地方政府規定繳交工本費。

入居——1個月內

保存登記	入住
辦理第一次房屋登記，需備妥門牌編定證明與房屋稅、水電繳納證明，因此必須先申請門牌及正式水電。此外，還需準備建物設籍之戶籍謄本、申請人身分證明（身分證影本、戶口名簿影本或戶籍謄本）。若建物所有權人非土地所有權人，則需檢附土地所有權人的同意書及印鑑證明。	清潔及搬家。

· **申請規費**：房屋保存登記依照建物的權利價值，需繳納登記費的千分之二。
· **搬家費**：依搬家距離、車子承載容量，費用不一。

文__漂亮家居編輯部　圖片提供__行一建築‧彭文苑建築師事務所、董育綸建築師事務所、
合風蒼飛設計＋張育睿建築師事務所、寬和建築師事務所、吳語建築、境衍設計事務所

圖片提供__行一建築‧彭文苑建築師事務所

Point 2 | 與建築師溝通 10 步驟

之所以選擇找地蓋屋、自地自建，勢必是想追求獨特，擁有
一幢量身訂製的房子。然而在找到心目中理想的建築師之
前，必須先清楚了解需與建築師討論到的細節以及溝通策
略，讓合作過程更加愉快順暢。

　　想要蓋房子，究竟該注意哪些事項？其流程又有哪些？然而毫
無疑問地，尋找建築師絕對是首要任務，因為從土地規劃、繪製施
工圖……等環節都得靠建築師幫忙完成，當屬負責解決設計、營建
等問題之專業人士。因此，如何找對建築師以及如何與建築師溝通，
堪稱決定自地自建成敗與否的重要關鍵。此外必須理解，單棟住宅
雖然較一般工程的規模來得小，但其流程並不會因此變得比較簡單；
相反地，其中必須留意的細節幾乎完全相同。這也是為何部分建築
師事務所及營造廠商不願接受委託這類案子的原因。

　　那麼，在找到建築師之前，到底屋主自己應該作什麼樣的準備
呢？首先，當然是要決定你想要一間什麼樣的房子。不論是規模大
小、構造形式、lifestyle 表現，乃至於究竟有多少預算，都要事先
考慮清楚。而當你準備好也找好建築師了，那麼就進入了下列溝通
流程。以下簡單 10 步驟讓你輕鬆掌握進度，一圓專屬私宅夢。

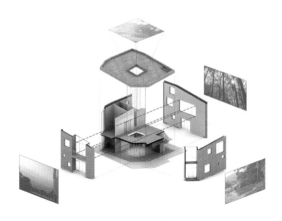

自我心目中對於理想住宅的想像
以及基地條件，皆會影響房子的
外觀與構造形式。

圖片提供＿行一建築·彭文苑建築師事務所

STEP 01 為房子定位

所謂定位，即務必先了解心之所嚮，弄清楚自己到底想要一棟什麼樣的房子？究竟是預算導向還是容積導向？前者顧名思義就是以總預算來決定住宅規格；後者則是以在有限面積的基地上蓋出最大容積的房子為最主要目的。針對事前準備，建議可先就預算、家庭成員人數、格局需求、生活方式習慣、喜歡的風格、基地環境景觀，以及機電設備預留位置……等幾點，作想法與需求上的統整歸納，讓在與建築師洽談的過程當中，對方能夠更加快速理解。

STEP 02 尋找建築師

可透過網站、熟人介紹或是報章雜誌等媒體報導，找尋值得信賴的建築師，也可以經由建築師公會查詢當地有哪些開業建築師。此步驟中，部分屋主可能會面臨究竟該找室內設計師還是找建築師的困難抉擇，但事實上，兩方為不同專業領域之人士。建築師擅長規劃整體建物空間，塑造出獨具魅力的建築外觀，亦可直接處理建照申請相關事宜，針對 5 樓以下之建物或非公共建築還能直接作建物簽證，無須委外執行。

另一方面，有關土地的分區使用，各縣市政府規定有所不同，具專業背景的建築師對於相關法令與規範較為熟稔，能對建物與基地環境之間的關係作出立即性反應。相對地，室內設計師的個人美感同樣是形塑生活空間的重要元素，甚至部分設計師具建築專業背景，對於相關法規也有一定程度的理解，在住宅的設計規劃上更顯相得益彰；不過依法規定，還是必須委託建築師處理有關土地、建照申請等事項。無論如何，都建議最好能在事前現場勘查過對方的作品，藉此了解其設計理念與實力。同時，屋主可在商談期間提出自己的想法，並根據對方的回應或實際概念發想，確認彼此對於建築、空間的觀念是否契合，接著再作進一步決定。

設計規劃階段，若屋主對於建築
有任何特殊需求與堅持，都應該
在溝通過程中提出並充分討論。

對於住宅規劃而言，若能妥善將
居住者的生活機能需求安排至設
計之中，則可有效增進家庭成員
間親暱的互動關係。

圖片提供＿合風蒼飛設計＋張育睿建築師事務所

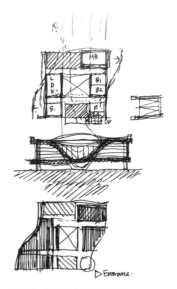

圖片提供＿行一建築，彭文苑建築師事務所

上：在與建築師溝通的每一個步驟中，都應該要有明確的規劃說明與細節討論。

左：建築規劃階段可將室內設計一併考量進來，讓住宅的最終成果能有最精采且最精準的呈現。

圖片提供＿寬和建築師事務所

STEP 03 決定最終方案

　　由於可能已獲得數名建築師的提案，此步驟所要注意的即為各設計案是否符合相關法令規範？同時是否已將室內裝修工程一併考量進來？再來則是報價內容，其細節要求的程度為何？是涵蓋細部施工還是只有執照圖？是否含括室內與景觀設計？最後的監造為重點監造或派員駐點監造？一般而言，洽談過程中會先讓建築師了解屋主需求，並實際到基地勘查土地形狀、地勢高低、座向方位……等，進而畫出簡略的建築圖面，彼此討論、溝通其概念想法，最後決定是否簽約。

STEP 04 完成平面圖

　　選定合作建築師後會收到平面圖，此步驟即針對基地結構與法規限制作全盤性的檢討，而這時若另有安排室內設計師，也應該同步加入討論，三方就平面圖進行評估，並做出最終定案。來回溝通圖面設計時，需注意部分建築師事務所會規定修改次數，若次數增加可能會加收費用，建議在簽約前務必詢問清楚。

上：單棟住宅的設計重點不只在
於建築本身，同時與基地條件及
周遭的環境地貌亦關係緊密，彼
此相互呼應。

下：良好的採光是住宅設計的必
備元素，不僅貼合生活機能，有
時也扮演創造獨特空間語彙的重
要角色。

STEP 05 完成立面圖

　　平面圖定案之後，接下來就是檢視立面圖。此步驟主要可確認房屋的外觀及構造形
式，同時再次評估是否符合相關法令規範。另外需注意，各事務所對洽談的次數以及簽
約付費的時間點皆有所不同。有的建築師會與屋主洽談 4、5 次以上，提供建築圖面參
考，深入了解屋主的狀況後才開始簽約並收費，但有的建築師可能需要先簽訂合約才會
提供相關圖面，建議事前務必詢問清楚。

STEP 06 機電設計討論

　　此步驟中，對於平面配置圖要有明確規劃，例如照明設備或是其他特殊系統器材皆
需一併納入考量，以免日後安裝時造成困難。

STEP 07 申請建築執照

　　施工圖（含結構圖）完成後，由建築師與結構技師簽章，向基地所屬之縣市政府建
築管理單位申請建築執照。

不同的材質主張與建築工法皆可為家
庭生活創造多樣化的豐富表情,或許
這正是自地自建最迷人之處。

圖片提供__吳語建築

右頁左：選擇自地自建的屋主，
可按照生活需求，打破傳統３
房２廳的形式，安排符合自身
lifestyle主張的最適格局。

最右：與眾不同的立面開口設
計不僅賦予建築獨一無二的柔
情，亦藉由室內外的關係，隱
隱傳達出屋主對於公私場域的
態度及性格。

諸如構造、格局、動線、採光
等建築內外的任一細部設計，
皆會影響住宅最終整體的視覺
效果。

圖片提供＿境衍設計事務所

圖片提供_行一建築‧彭文苑建築師事務所　　　　　　　　　　　圖片提供_行一建築‧彭文苑建築師事務所

STEP 08 確認細部設計

細部設計包括材料厚度的選擇、不同材質的拼接與切割……等，這些都是建築師在設計規劃階段就要考量到的問題，若等到現場施工時才發現，那麼將嚴重影響工程進度。此外，細部設計也關係著最終成品的整體視覺呈現及其細緻程度，不可不慎。

STEP 09 確認工程分項事宜

如果屋主另請室內設計師負責屋內的裝修設計，那麼此步驟便需確認設計師接手的時間，以免造成建築師與室內設計師的分工作業相互產生衝突。一般來說，若只簽設計約（不駐點監造）的建築師在拿到建照後，其任務就幾乎結束了。施工過程中，建築師僅會協助屋主作重點監造，以及在工務局進行勘驗時到現場支援。因此若要請建築師全程監造（即駐點監造）則需另外簽約，支付建築師監造費用，其形式有一週 1 次或天天駐點等，屋主可評估自身預算來決定。請建築師監造的優點在於，中途若有施工問題能夠立即與營造廠商溝通協調並監督進度，較省時省力；最後完工時，也可協助驗收。

STEP 10 工程發包

工程發包時需提供詳細的施工圖給營造商估價，請特別注意雙方的溝通過程必須透明、資訊對稱，例如圖面與工程標單都要詳加載明清楚，避免日後追加預算的糾紛出現。

Point

3　小建築設計核心
思考關鍵 6⁺

為更加了解台灣當代建築師在面對住宅設計時的創作思維及
思考起點，分別從「生活機能」、「基地氣候」、「環境地
景」、「材質主張」、「構造工法」、「人文群落」等 6 大
重點著手，一同細究台灣單棟住宅小建築的 20 項設計特色。

　　台灣除了本島分布高山、丘陵、台地、盆地、平原 ...... 等地形
之外，在離島還有火山島、海域礁島 ...... 等複雜地貌，不但隱藏許
多建築營造上亟待克服的問題，卻也直接影響房屋的構造及形式。
至於氣候條件上，島國的季風搭配山脈走向，形成各區域在日照、
風向與降雨量均有明顯差異，這些基地條件與微氣候不僅影響設
計，也讓建築因順應環境而造就出各具特色的面貌。

　　然而，自地自建最讓人欣羨的莫過於擺脫傳統 3 房 2 廳的制式
格局，可因著不同的使用者需求量身訂製，發揮其機能最大值。此
外，屋主更可隨著自己喜好的生活方式及主張來規劃住宅，在設計
中加入更多人與空間、環境的互動關係，甚至藉由都市計畫與群落
的觀點，讓私宅發揮更多的社會公共性，扮演串聯地域人文情感的
重要角色。同時在建材上也可以有更多嘗試性、未來性及環保考量，
在在都讓建築師與居住者可更真實地感受生活與參與設計的樂趣。

文__漂亮家居編輯部　圖片提供__合風蒼飛設計＋張育睿建築師事務所、都市山葵／方瑋建築師事務所、寬和建築師事務所、i²建築建築研究室、behet bondzio lin architects x 清水建築工坊、王曉奎建築師事務所、柏林聯合室內裝修設計＋建築師事務所、孫立和建築師事務所、董育綸建築師事務所　攝影__王典懋、趙宇晨

圖片提供__合風蒼飛設計＋張育睿建築師事務所

圖片提供＿都市山葵／方瑋建築師事務所

Issue 1 生活機能

01 以人為本，重新定義生活空間

　　大部分人在思考生活空間時，總會受過去的居住習慣影響，或是被既有的空間樣貌所牽制，跳脫不出慣性的生活方式。小建築鼓勵居住者在空間利用上可更隨心所欲、盡情揮灑，讓愈來愈多人決意放下舊有經驗，重新思考生活重心，並透過設計的引導重新定義生活環境，徹底發揮空間的價值與意義。

02 減法設計釋放舒適空間與心情

　　在資源不足的年代，人們追求豐富，對於空間習慣做多、做滿，但現今愈來愈多人認同，愈是舒服的空間愈是應盡量留白，因此不少人選擇買地蓋屋，正是渴望能夠重新找回減法設計的踏實與舒適感。實際在許多自地自建案例中，常可見到屋主毫不吝於將剩餘空間釋出。某種程度上，心情與視覺也都同樣獲得釋放，自然也就感到舒服愉快。

圖片提供__寬和建築師事務所

03 交疊、錯層設計增加生活互動性

　　以往單棟住宅的規劃邏輯多半是以樓層為單位,將公共機能獨立於單一樓層,但此種設計思考容易將生活中的互動關係給切割開來,因此當代小建築的設計者實驗性地提出「交疊」、「錯層」的空間概念,將樓層之間的界線模糊化,其上下樓層的連結使得空間變得更加有趣,同時使用機能仍不受影響,還能增添家庭成員間的親暱互動。

04 因人制宜,建築不再單一思考

　　小建築因應不同區域的環境及氣候發展出了相互呼應的構造工法及外觀形式,雖因地制宜,但現已有愈來愈多的住宅設計不再受限於基地的天然條件,而有了創新的思維。例如建築師劉崇聖的「新舊祖堂間的家」即藉由傳統合院聚落群的再配置,從宗族與農業生活場域的動線分配重新思量建築地景,包括居住者的行走經驗等細節,突破建築的單一思考,打造因人制宜的現代住居。

圖片提供＿Z建築建築研究室　攝影＿王典懋

圖片提供＿behet bondzio lin architects × 清水建築工坊　攝影＿趙宇晨

Issue 2 基地氣候

05 秀造型，也解決多面向氣候問題

如何抵禦台灣高溫多雨的氣候呢？許多建築師會透過「形」的構思來解決。最常見如屋突造型設計，並非僅單純「形」的層面思考，多半是考量環境氣候之後所衍生出的形式，在外觀上做了內凹或外凸，讓該座向的室內空間能夠有效散熱、通風，既解決基地先天上的缺失，同時也造就建築的特殊造型。

06 出簷設計，減少日曬雨淋

除了梅雨季之外，台灣部分地區終年多雨，如何在雨天仍可開窗保持通風，便成了重要的設計思考。例如在宜蘭或山區，可發現許多小建築加入了出簷設計，平時能遮擋日照直射，雨天則不必擔心開窗雨水會潑進室內，讓通風不受干擾。

07 半戶外空間，避免採光與活動受氣候阻礙

傳統建築的採光多仰賴外牆開窗，但對於喜愛更多室內採光或戶外感的小建築設計者而言，則會選擇在室內規劃半露天空間，配合玻璃帷幕作為隔牆，讓採光安排更加自由隨意。尤其台灣常遇颱風侵襲，為了不讓居住行為因下雨而有所阻斷，甚至將多數機能空間移入室內，並運用適合在地環境的透明隔牆搭配半戶外設計，保障生活舒適，室內光線亦不受阻礙。

08 順應當地日照與風向，決定開窗設計

地處亞熱帶的台灣，一年有半數時光都有如夏的艷陽，加上季風變化明顯，如何避免夏日西曬與冬天北風肆虐的惡劣環境，最大關鍵就在於開窗的面向與大小。為了設計出節能舒適的好宅，必須仔細將日照與風向等因素考量進來，並有效地在夏季引進西南風、冬季阻隔東北季風，而面對西曬問題，在開窗上也會加以留意，避免居住上的不適。

Issue 3 環境地景

09 順應基地形狀作垂直或水平向度延伸

影響小建築樣貌的最大關鍵還是在於基地的形狀分布，如正方形、長方形、三角形或不規則畸零狀 ...... 等。以狹長型基地為例，可依照垂直線性發展延伸設計，尋求更多的使用空間；若坪數夠大，則可朝水平向度發展，規劃出合院式建築，而這之中的變化與自由度正是自地自建最迷人之處。

10 室內戶外化，在家也能過得自然

重視與環境結合是小建築的基本概念，部分建築師更期盼讓室內與戶外產生連結，因此在設計上會置入半戶外空間，將室內外的分界模糊化，既能讓生活與周邊的自然環境更加靠近，也可作過渡之用，讓實際使用時更添彈性。

圖片提供＿柏林聯合室內裝修設計＋建築師事務所

Issue 4 生活機能

11 順應環境需求，材質不再制式單一

工業化思考導致建材趨於制式化，但建築應順應環境而生，材質的應用更是如此，因此當代設計者在思考建築與材質的同時，逐漸擺脫單一化概念，為因應雨勢、風向、日照等環境因素，一棟建築中可能夾雜不同材質，而這也使其外觀表情更顯豐富多樣。

12 聰明選材，改善氣候問題

台灣因北迴歸線橫切，形成南北氣候的差異，再加上中央山脈影響，導致花東一帶常有焚風，異常高溫炎熱。為舒緩室內空間過熱的情形，除了增加開窗面積來強化空氣對流、通風外，也可善用建材因應，如部分建築師開始運用輔以先進技術的塗料降低熱氣持續擴張。至於針對北部潮濕多雨的氣候條件，則可在壁材上挑選如珪藻土等會呼吸的建材，讓房子本身具備調節功能。

13 在地材質更能傳達地方建築況味

在地化是小建築運動的重點特色之一，為更進一步朝風土建築邁進，不少建築師選擇以在地材質為創作發想，例如東部盛產的蛇紋石、竹建材等，都是備受推崇的健康材質，不僅能更適應台灣的氣候與環境，也更加突顯在地獨有況味。

14 不過度裝飾，發揮材質本色

在環保與在地化的趨勢及主張之下，台灣小建築在材料選擇上除了多以在地性為主軸之外，建築師也變得更誠實面對材質本色，例如使用自然石材、木頭、水泥粉光⋯⋯等，發揮其應有的紋理質地與特色，讓空間更貼近自然，也更有生命力。

圖片提供＿董育綸建築師事務所

Issue 5 構造工法

15 防震、耐用，以鋼筋混凝土造屋最實在

台灣早期以磚造建築為主，隨著戰後經濟力提升，以及國內鋼料生產技術愈見發達、普及，國人開始使用鋼筋混凝土（RC）構造來蓋房子，尤其台灣位處地震帶上，相較於磚造屋，RC 更為耐震且技術門檻低、造價便宜，成為自地自建最普遍的工法之一。

16 木造屋融入自然，減少環境破壞

考量台灣部分縣市多山坡地，為避免蓋屋對土地造成破壞及負擔，不少人選擇用木構造來配合起伏的地形。不過因台灣氣候潮濕，且地震、颱風頻仍，難免讓人擔心其安全性，為此業者則不斷改良工法，除了以榫接與木栓固定來強化結構之外，還結合扣件讓建物更為安全穩固，同時也解決金屬易受潮腐蝕的問題。

17 輕鋼構形式造屋，簡便新選擇

鋼構也是自地自建常見的工法之一，除了有傳統的 H 型鋼構之外，亦有採用 C 型鋼架來建構房屋主體的輕量型鋼構，其外牆還可與各種材料結合且造價不貴，亦能實事求是地解決生活需求。

Issue 6 人文群落

18 為街角置入建築地景，串聯都會人文情感

在高度都市化的環境裡進行小建築創作，勢必得面臨基地多位於景觀繁雜的老舊街區，不若鄉間奔放，能讓建築量體盡情向外開展。因此不少建築師透過在街角置入嶄新地景，期盼為城市風貌增添不同表情。例如建築師董育綸的「Street Canvas II」特別在 2 樓安排坐擁大片開窗的舞蹈教室面對主要幹道，在夜間自然形成一座舞台，引發熙來攘往的都市住民產生好奇與共鳴；建築師張育睿的「Corner 60's」則以兩座長凳串聯室內外，詮釋鄉間屋房「歡迎入內」的人情味，重拾街坊巷弄熱絡的鄰里情感。

19 開放式空間留設，發揮私宅的社會性功能

理想的小建築理應有很強的社會功能，但現今住宅大多被侷限在建築物件裡頭，可能加劇現代社會人際關係趨於淡化的問題。然而作為私宅，小建築又必須滿足基本的私密性需求，著實考驗設計者在回應建築的社會功能面向時，應抱持著更前瞻的思考，設法因應改善。因此部分建築師選擇利用外開放式空間的留設，來串聯與鄰里之間的關係互動。

20 愈在地愈國際，演繹東方現代新住居

當代日本建築經常借喻日式傳統房子的空間樣態，但在台灣，甚至放眼華人世界似乎都缺乏這股力道；繼前輩建築師陳其寬完成東海大學校園內的實驗性建築，以及建築師漢寶德前瞻的中式空間轉譯思維後，便很少有人就此加以著墨與突破。有鑑於此，落腳金門的建築師陳書毅提出「東方新住居」的命題，期許透過重新演繹傳統民居聚落，慢慢將影響力擴及整個閩南文化圈，引起當代社會的討論與關注。

Part 2 台灣小建築當代 30+

文＿吳一志、施文珍　建築設計暨圖片資料提供＿吳語建築

01

吳一志

建築的路踏上了，跪著都要走完

執業逾 20 年，吳一志總低調地走著屬於自己的建築之路，「只想要盡己之力為土地做一些事情。」一路走來，他始終相信房子自己會說話、好的建築會被看見。回顧執業的初衷以及對於台灣小建築的期許，吳一志親筆寫下了以下篇章。本篇特意維持第一人稱，讓讀者親身細品建築師本人的心境原味。

從房仲業看見大眾需求

1990 年代是台灣房地產風起雲湧的時期，也是迭起興衰的年代。當時離開學校、服完兵役只想盡快與社會接軌、工作賺錢。至於何謂興趣志向，從沒來得及靜心思考。初期，投入國內堪稱龍頭的不動產仲介經紀業任職，在短短的 3 ～ 4 年間我體驗過數以千計的實體建築空間，也獲取成千上萬的客戶與泛房地產領域前輩的經驗。

這時期我思考了許多事，例如設計者真正了解居住者的需求與想法嗎？還是只著眼在一些虛幻的數字（如開發坪效）上打轉？建築與室內不應該是互為表裡、相互關聯嗎？建築設計難道不應將室內使用做更合理的考量嗎？買了房子再找設計師來大幅度修改或裝潢，

「夢想的方舟」座落於鬧區6米巷弄，四周生活機能齊備，僅外部巷弄過於狹小，遂採退縮手法留設前院，讓開放的綠意空間為疏離的城市保留友善與自在。

是不是反映出建築本身不符需求，或者居住者其實有更多個性化的需要？

我也開始承接老屋翻修與室內設計案，即便當時這些個案皆是以法拍或買斷為主的投資案，我依舊從自己的思考邏輯及真實生活考量出發，將一間間房子徹底改造，慶幸的是其結果也都讓當時的業主與買方滿意。這時我心裡暗自忖度，自己應該可以繼續設計這條路了，那既然要走，就要找機會往更源頭的方向去努力，就這樣開始了我的建築生涯。

跳脫複製，追求更具生命力的建築設計

在看過許多前輩的個案以及根據自己從業的經驗，我深刻體會到當設計完成時才是真正責任的開始。對設計與工程執行這兩端而言，設計者應該多參與工程執行，工程實務的反饋對於設計才會有相當程度地刺激及提升；反之工程端也應該更深入理解設計，而不再只是匠化下的按圖施工。另外，業主主觀的需求想法我不認為設計者應該照單全收，而是需加入更多客觀的經驗，才正是設計者存在的價值。

台灣小建築有很長一段時間不斷複製產出，無論是格局、樣式或材質，總難以跳脫制式思考，但近年來具特色的小建築能見度愈來愈高，可看出需求者有愈來愈多求新求變的渴望，已不僅止於基本的機能性與框架式美學，當然也可預期設計者在未來會有更多開展的空間。

然而小建築也必須面對更多的問題，例如傳統認知習慣與世代之間的趨避衝突、陽宅學布局與空間合理性的牴觸、現有法規與實際設計需求間的限制，以及既有工法技術對於創新的支援能力……等。未來真心希望在台灣這塊土地上，能看到更多美麗房子的身影，有更多人能展現台灣的設計美學能量。而我自己仍希望優遊於都市角隅或偏鄉野嶺，實踐自由自在的小建築之旅。

設計核心 思考關鍵 3 +

··· 構造工法
··· 基地氣候
··· 材質主張

構造
工法

構造工法

離地式設計優化排水機能

「梏曦」位於高海拔山區，長年濕度高、烈日山嵐交替，遂利用SRC離地構造呈現輕盈飄浮的姿態，讓植被可在土地上完全覆蓋，增強基地的排水性，達水土保持，並阻絕地面濕氣入侵。

天井結構創造通透量體

「夢想的方舟」採用前後錯層、中段留設天井的手法，創造明亮通透的空間。循階散步，觸眼所及光影婆娑，如同悠游的方舟。

基 地 氣 候

材 質 主 張

材質主張

綠蔭水池調節適居環境

「One House」座落於海拔700多公尺的鄉間小路，日夜溫差大、四周開闊，特別在西曬面種植大片綠樹，起遮陽及造景之效；東照面則以水池及階梯與外界作虛掩，增添其層次。

仿木紋建材營造舒適自然

「One House」以杉木紋清水混凝土作外飾，呈現出自然而不矯揉造作的質樸姿態，並利用外梯連結、分離所有機能空間，描繪出既緊密共聚又同時保有個人隱私的家庭時光。

水泥質地形塑生活地景

「Block House」整棟建物皆採用水泥粉光並塗裝水泥防護劑，其灰色調鋪陳出簡練、純粹的肌理，並以積木堆疊的形式串聯空間，創造獨特的視覺及生活體驗。

文＿蘇歆雅　建築設計暨圖片資料提供＿考工記工程顧問有限公司

02

洪育成

美感理性兼具的建築浪漫

學經歷

1982　國立成功大學建築學士
1986　美國密西根大學
　　　建築及都市計劃碩士
1996　成立考工記工程顧問有限公司

得獎紀錄

2011　台灣綠建築設計獎
2011　TRAA台灣住宅建築獎
2011　林產事業獎
2014　IAI設計獎Outstanding Design
　　　Award、Annual Best Design
　　　Agency Award

　　專精於木構造建築與綠建築的洪育成，平時除了在東海、實踐大學等校為作育樹人貢獻所長之外，更帶領考工記工程顧問有限公司團隊，致力於在技術基礎上尋求創新以及建築的詩意境界，其豐碩成果得見於團隊各類建築空間設計作品之中。

隱喻手法勾勒神魂，詩意建築富足人心

　　影響洪育成最深的創作觀點，為留美期間所接觸、由英國知名建築師 Kenneth Frampton 所提出的「辯證式地域主義」（Critical Regionalism）。他相當認同 Frampton 對於思考現代化中的自我定位的看法，因此團隊作品強調捨棄過往的構造模仿與形式複製，以現代科技反應地形、人文內涵，著重於透過「隱喻手法」與「詩意建築」等概念，讓每棟建築皆得以表達自身的人文歷史，同時與當代技術密切連結。

　　對洪育成來說，建築隱喻設計者在面對藝文、哲學、信仰、技術……等一切事物的獨到見解。他以日本京都桂離宮及中國園林等經典建築為例，唯有親身走訪一回，才能真切體會設計者的想法並深受其感動。因此，如何以現代手法詮釋、表達出建築空間的

「鳳凰茶園」透過玻璃盒的表現手法，使木構造建築與周遭的百年樟樹林相容無間，並在不砍伐、移植原生樹林的前提之下，任由樹木穿越雨遮，共構為建物一隅，重述建築、人與山林之間相存相依的親密關係。

本質、神韻，而非膚淺表象，變成了設計者在創作時的最大挑戰。

洪育成認為，好的小建築設計必須讓居住者舒適自在，於室內可與戶外的自然環境產生共鳴，感受光線與風在空間中悠然流動。隨著經驗累積他也發現，人與空間的關係愈形重要，家中應該要有熱鬧、安靜的地方，同時也要有能獨處、親子同樂的角落，唯有動靜分明、內外連動的空間設計，方能滿足所有居住者的期盼。對於建築師而言，設計重點絕不在於外觀造型或科技輔助，而是應回歸對使用者生活經驗的觀察，例如中國庭園的迴廊設計便是將「迴路」（Loop）的概念置入家中，使其生活動線隨之擴展，營造出家的歸屬感。

與自然共同吐納，CLT工法為百年築基

強調尊重自然原始風貌，洪育成主張「輕觸土地」，以輕量化構造避免過度開墾造成生態破壞，且在設計之初便全盤考量台灣氣候炎熱多雨的特性，莫一味以搶眼的外觀作為設計重心。為此他極力推薦可取代混凝土的 CLT 木構造工法（Cross Laminated Timber），就環保永續的觀點看來，該工法可預期改變未來百年的都市型態，集可預製、精準、省力、隔熱性佳等特點於一身。

走遍世界，洪育成尤愛美國西北華盛頓的建築，不同於紐約、加州試圖攫人目光的刻意感，隱隱散發優美低調。該地的建築多採木造構成，且座落高山、森林、湖泊、河流近處，以維護環境生態為設計起點，同時運用高科技工法輔助，值得台灣借鏡。洪育成相信，台灣未來的住宅型態不需要為了預算考量而犧牲自然，而是應打造擁有高品質同時又兼具環保思維的優質生活環境。

設計核心思考關鍵 4+

- ∴ 生活機能
- ∴ 基地氣候
- ∴ 構造工法
- ∴ 人文群落

生活機能

基 地 氣 候

離地式設計優化排水機能

「官田生態屋」集有機、生態、環保等面相於一身，以節能木構造設計與L形房舍，創造隔熱與通風的疊加效果。其外觀看似鄉間的紅瓦白牆，自空中鳥瞰則宛如生命力強韌的土虱，待周邊的綠樹植栽長起時，與環境無縫融合便是建築師與居住者對自然所表達最真摯的善意。

大隱隱於市的心靈嚮往

無論是「潭子魏公館」或是「南區賴公館」，皆懷有身處都市叢林卻心繫田園芬芳的靈魂，透過混凝土加上頂樓木構造的建築公式，保有都市宅外觀，同時灌注田園風的精髓，並藉由良好建材與工法強化生活機能，打造大人小孩安居的都市桃花源。

極致工藝完美呈現

「竹北謝宅」以木構造、天窗引進自然光，讓室內如同戶外森林般，投射居住者於林間漫步的生活情境；「中寮陳宅」兩層樓高的書房以藏經閣的概念出發，引入台灣傳統菸樓的原型，在其高聳如塔處加開電動天窗，藉由煙囪效應產生自然對流，以木構造工法維護藏書，並對抗台灣的濕熱氣候。

中式園林的空間哲學

座落山區的「中寮陳宅」自主建築群中延伸出一棟樹屋，藉此引領人與自然環境於室內空間中交融，在綠樹、天光中冥想放鬆。主建築則以長廊與窗景串聯，在一步一景的浪漫之中，擷取閱讀章回小說般的豐饒趣味。

構 造 工 法

人文
群落

文＿張惠慈　建築設計暨圖片資料提供＿林淵源建築師事務所

03
林淵源
設計出與環境對話的建築

學經歷

1991	中原大學建築學士
1993	十方聯合建築師事務所
1995	大元聯合建築師事務所
1998	成立林淵源建築師事務所

得獎紀錄

2011	TRAA台灣住宅建築獎入圍
2015	見學館「兩岸50位傑出建築人的追夢故事」專訪
2016	TRAA台灣住宅建築獎入圍
2018	TRAA台灣住宅建築獎入圍
2018	中國「地表上的詩意，永不落幕的建築展」亞洲10位參展建築師

平日喜愛旅行、閱讀、跨界交流的林淵源，不僅曾出版手繪圖文書，還經常受邀到各界演講。他期許工作能夠盡量多元，鼓勵自己換位思考，刺激對於建築設計的創意。面對作品，林淵源則喜歡用空間創造與環境之間的對話，運用概念式設計，讓人與空間、環境相互產生共鳴。「我想移植的並非表面上的事物，而比較像是空間氛圍，並對應與環境的關係，引發哲學思考。」

看見小建築的與眾不同

從業之初，林淵源所經手的業務以集合式住宅及公共建築居多，即便後來成立了個人事務所，最早接觸的單棟住宅案也僅是室內設計。不過他表示，對於建築師而言，能夠從不同於以往純建築的思考及視角切入空間規劃實屬難得，因為無論在動線或機能的安排上，皆會受到許多邊界的限制，但這就是住宅的特性，也是最能貼近居住者生活的設計思考。

然而正逢不惑之年時，或許是反映農舍風潮的興起，林淵源逐漸有機會接觸小建築

融入地景的「五口之家」在外觀上有5個口字，其大片落地窗所框出的居家生活，為周遭自然景致增添一道嶄新風貌。

案。他觀察，當時社會開始有愈來愈多人期望擺脫都市生活、接近大自然，因而尋找與自己理念相仿的建築師，而這群業主通常具有較高的美學素養以及對於生活的想像，他才因此有了機會實踐自我對於住宅規劃的想法。

「在此之前，當我設計商業型集合住宅時，很難接觸到居家問題的核心，畢竟集合住宅是針對都市環境而生，小建築則是從屋主本身的需求出發。」林淵源發現，單棟住宅反而可呼應建築與環境之間的關係，完全以地景、生活出發，讓他開始對建築有了不一樣的想像。「對我來説，等於是又一次的文藝復興，甚至當我再回頭設計集合住宅時，思考皆有所不同。」

小建築是解讀建築最好的答案

林淵源認為，小建築雖然量體較小，但就如同一個宇宙，專為家庭解決所有問題，不論是成員間的生活習慣、互動關係或者環境觀，都必須在有限的空間裡呈現，因此也完整體現出建築師的思考面向。「喜歡設計的人一定會喜歡這樣的設計類型，因為不用顧及商業，反而是用很純粹的價值觀去面對。」

此外，林淵源説，小建築也是複習基本功的一種方式，「每位建築人都應該要有一件小建築作品，因為涉及對於生活的想像、美學思考等各層面，是對於建築最好的解答，也是最能突顯建築師核心思考的展現。」同時他也強調，小建築亦可被視為所學的印證，在過程中會發現許多新的火花，產生意外驚喜，「我非常享受那個過程，並專注在完成後的感動。」

那麼一棟好的小建築設計究竟該如何定義？在林淵源的心中，既不是擁有虛華的外表，也不是在於獲得多少獎項，而是能夠帶給居住者幸福的感受，讓環境因為這棟建築的存在而幸福，甚至讓周遭所有人都感到幸福；能夠圓滿環境、建築與居住者的三方關係，才是最好的建築設計。

材 質
主 張

生 活 機 能

設 計 核 心
思 考 關 鍵 4 +

　・・　生 活 機 能
　・・　材 質 主 張
　・・　基 地 氣 候
　・・　環 境 地 景

開放空間結合生活起居

「五口之家」位處狹長型基地，擺脫傳統的居家格局限制，雖然從戶外進到室內必須先經過一段階梯，但屋主一家對於2樓的起居空間皆十分滿意。

寬敞舒適的渡假小屋

無明確隔間設計的「Y House」符合屋主對於渡假小屋的期待，然而麻雀雖小五臟俱全，擁有露台、臥榻、吧台等空間，讓居住者能自在小憩。

單純美好的建築景觀

「五口之家」運用最簡單的素材呈現最好的設計，僅採RC與油漆，即完成與環境相互融合的住宅作品。

多面開口引光入室

「五口之家」設計多面向落地開口，突破狹長型基地光線難以進入室內的缺點，使得起居空間中的各個角落都能有陽光照拂，溫暖整座家屋。

融入環境的自然建築

木造建築「Y House」的獨特外形在基地環境中形成一幅特殊景觀，卻絲毫不顯違和，其Y字形設計就如同張開雙臂般擁抱大自然。

環　境
地　景

基　地
氣　候

文__李與真　建築設計暨圖片資料提供__i²建築建築研究室　攝影__王典懋、林頌清

04

徐純一

建築中的後舒適與安居

學經歷

1983	國立成功大學航太學士
1990	美國科羅拉多大學 丹佛分校建築碩士
1990～1992	美國胡佛聯合建築師 事務所Hoover Berg Desmond Architects, Colorado at Denver 助理建築設計師
1990～1992	美國科羅拉多大學 丹佛分校建築學院 助理指導老師
1992～1995	方圓建築師事務所 主建築設計師
1992～1995	東海大學建築學系 兼任講師
1994～迄今	定期海外建築研習
1995～迄今	大葉大學空間設計學系 專任講師
2000	成立i²建築研究室
2000～2002	逢甲大學建築系 兼任講師
2015～2016	東海大學建築學系 兼任講師

　　29 歲確立志向赴美，從航太系轉換跑道成為建築系學生，「別人 19 歲就讀，我 29 歲才開始，晚了 10 年；就像你現在 5 歲，人家對待你就是 5 歲，但人家看你 59 歲，待你卻是 49 歲，追平這年差的過程才是最辛苦的。」徐純一說道。走進 i² 建築研究室，隱身恬靜且遠離喧囂的老房內，一件件手作模型映入眼簾，而昏黃燈光下，閃耀的是那對建築不停歇的熱情與對學理的思考。

讓空間有說故事的能力

　　「要與你自己所説、所做的吻合，並且有客觀性及真實實踐，不能講了許多但做出來卻差之千里。」畢業於美國科羅拉多大學丹佛分校的徐純一受其指導教授 Dr. Taisto H. Mäkelä 啟發，開始了解何謂建築。美國建築學者 Douglas Darden 則讓他學習到建築其實有很多面向，不單單是人所居住的固定量體，其背後的理念與對生命的深沉情感，更形塑出在安適與矛盾之間所對立的空間力道。

　　仰頭看向工作室的牆上，掛了幅心臟外科醫師家的圖畫，徐純一比喻，「從其屋型

攝影__王典懋

「竹北許宅」位於新竹靠海處，其外觀、內部皆採用質地溫潤且樸實的水泥為主要材質。在地理環境的優勢下，其南向建構了大片玻璃引光入室，使室內的採光極佳且創造大面積風景。

就能看出心臟形體、想像手術台與操刀的工具，將原本抽象的意念形象化、具體描述出來，這就是以空間述說最低限度的形象感染力。」然而對他來說，這都只是第一個層級，真正要深入面對的不只是與自然環境的關係，更困難的是挖掘存在於內心底層與世界之間的矛盾、對立與不可調解的衝突，固時以建築空間的力量加以呈現。

以真實連結人的感受

對於台灣小建築的發展，徐純一表示，相較於集合住宅與公共建設，小建築的價值與自由度是真正能去發展出其形式與內涵的，但就現實層面來看，往往皆會回歸到預算的多寡，以及業主如何重新調解自己的意志，間接影響實質成品上的呈現，攸關其細節與差異化；若屏除預算不談，設計端則有最基本要突顯的關鍵：「舒適」，例如讓空間即便沒有空調也能有涼意、一座僅為中庭的階梯卻能藏進些許寧靜角落。或許一開始無法立刻了解其價值，只能知其概念，但事實上概念與真實之間有個裂縫──概念隨時會改變，然而真實似乎永遠眼見為憑，當然也有肉眼所看不見的存在。他認為，用此思考便能成就出可滿足最基本需求的建築環境與質紋關係的回應。

此外，在徐純一的建築設計觀點中，要先破除喜好，因地制宜地去創造陌生的熟悉感；欲將地方存留的記憶重新轉換、黏著在某個場域其實不容易，但卻能試圖而非刻意地執行。例如台北市政府大樓原本存在某種空間位階，但一旁新建的建築卻忽視這層關係，導致城市失序的必然；反觀巴塞隆納便保留了其城市潛在的軸線與位階，各區與各區皆有清楚的可辨識性，及其延伸的趣味性。

談及對於小建築的使命，徐純一強調身為設計者，必須要有最低限度的社會道德感，而非僅一味表現自己的作品，如同日本建築師安藤忠雄的清水模建物可支撐 200～300 年，與社會的連接性便十分強烈，亦是深刻記憶化的再存留。

設計核心
思考關鍵 3 ⁺

- 構 造 工 法
- 材 質 主 張
- 環 境 地 景

攝影＿王典

構 造 工 法

穴居般的空間體驗

「後灣發宅」位於屏東墾丁，為傳統漁村中的新建築地景，以高低開口與長條格窗取代大片窗的安排，讓居住者更直接與周臨環境相互對應，且其結構設計下所衍生的間縫也讓陽光更容易灑入。

低調沉穩創造舒適暖意

「後灣發宅」的內部空間以清水混凝土打造，其大廳選用的紅銅材質、木紋地板及實木傢具，皆為原本略顯冷酷黯淡的色調增添一股暖意。

攝影＿王典懋

材質
主張

攝影＿王典懋

攝影＿王典

環境 境
地景 景

攝影＿林遠溝

攝影_王典懋

攝影_王典懋

藍天海景的自然想望

「後灣發宅」客房內的天花板採用圓弧形設計,其玻璃鏤空材質創造出與天際線並行的視覺聚焦,而面海的衛浴間則讓居住者能恣意欣賞悠悠藍天與無敵海景。

開啟天窗享受白晝與夜光的精采

「竹北許宅」挑高樓層的雙斜屋頂放大了整體空間感,並形塑出閣樓式的典雅景致。透過天窗,居住者可在白天享受陽光照射的溫暖舒適,夜晚則能窺看星空變化的無窮趣味。

文＿李與真　建築設計暨圖片資料提供＿郭文豐建築師事務所

05

郭文豐

有機建築融合自然環境

學經歷

1990　東海大學建築學士
2001　成立郭文豐建築師事務所

得獎紀錄

2001　宜蘭厝第三期優等獎
2007　TRAA台灣住宅建築獎入圍

　　　郭文豐深耕台灣小建築逾 20 年，其作品質樸低調、屏除多餘繁雜裝飾，緊扣自然與土地。他認為，人們容易被酷炫造型所吸引，但重點應該在於其本質，讓建物與自然環境相互協調呼應，回歸居住者需求以及通風採光等基本條件。

追求自然與人類居所的和諧

　　　師承德國華裔建築師李承寬，郭文豐的核心創作論述深受其影響，嘗試打造「有機建築」，與自然環境永續共存。他談及自己於大學時其實對老師認識並不深，一直到退伍後某天，在同學的邀約之下，才又因緣際會與老師再次見面，最後甚至輾轉成為他的教學助理，放棄了原本的出國留學夢；2 年的助教生涯中，還協助李承寬完成《新建築之意義》、《新建築之演進》等著作。當時的他僅單純地想，一位來自德國的大師就在眼前，為何還要辛苦跑到國外進修？然而這個重要決定，改變了他一生的方向。特別是對於小建築而言，他逐漸理解到人以及居住空間皆需與所處的環境形成合而為一的關係，達成真正的和諧，而建築背後所要實踐及探討的便是抓住其本質。

良好的採光通風以及避開公路噪音皆為「埔里鄭宅」的設計考量重點，其1樓為農場辦公行政處、2樓為住家，3樓則預留客房空間，具備多重機能性，加上並無過多披覆材質，使得居住者更能與自然環境產生深刻連結。

深耕地方，永續經營

　　結束助教工作後，郭文豐先是任職於宜蘭黃聲遠建築師事務所，2001 年才成立個人事務所，從建照申請、繪製施工圖到監工等程序皆一手包辦，也陸續開始有了自地自建的案源。另個契機則是適逢雪山隧道開鑿，帶動區域發展；1993 年第一期「宜蘭厝」運動開跑後，吸引愈來愈多人想在宜蘭蓋自己的房子。郭文豐從第一期「宜蘭厝」便開始投入，第二期則協助主辦方尋找建築師與業主，以及設計規劃、營造等工作。「宜蘭厝」強調環境永續經營與綠建築等議題，他便在這波運動的持續參與之下，近距離觀察小建築的種種與實務操作，並逐漸累積出一些心得。

　　談及工作的樂趣與挑戰，郭文豐認為，集合住宅與公共建設只要在符合預算及進度內完成，即能達到業主要求；然而就小建築而言，業主會有更多自己的個性、想法及意見，過程中雖需較長時間的磨合，但比起來仍相對有彈性。那麼究竟該如何定義好的小建築設計呢？郭文豐打趣地說，「當業主在交屋後住進去，過了 5 年還會來找你喝酒的就是成功的案子！」另外他也表示，從事小建築設計最大的成就感，莫過於給予業主建議的當下他們或許仍搞不太懂，但等到實際入住後，會回過頭來跟你分享該巧思有多趣，促成了美好的生活樣態。

　　對郭文豐來說，永遠都無法預測未來會完成什麼樣的建案，每當遇到了，都像面對謎題一般令人摸不著頭緒，僅能仰賴與業主合作解謎，一次又一次地重燃起建築人的熱情。這非制式化的驚喜流程，或許正是激勵他始終都在小建築領域努力耕耘的關鍵動力。

設計核心 思考關鍵 3 +

- 環境地景
- 生活機能
- 材質主張

環境地景

〈 〈 〉

保留樹景予以空間人文語彙

「三星劉宅」的基地倚靠稻田，另有6棵麵包樹蓊鬱矗立，生
態環境極佳，因此設計過程中刻意將樹木保留，造就其結構略
顯彎折而非全然筆直，展現與大自然互利共生的建築哲學。

生 活
機 能

材質主張

善用土地面積延伸機能使用

「三星劉宅」增設的鐵皮屋無論在造型或顏色上，都與主屋相互呼應，除了具備車庫、農具間等功能之外，也能作為書房之用。由內向外望去，還可欣賞戶外水池反映的天光雲影，展示土地的多元利用。

多變材質平衡公私領域

「三星劉宅」臥房外的戶外平台以實木作圍欄，讓居住者不必擔心隱私曝光。另一側平台則為公共空間，因而採用間距較寬的不鏽鋼圍欄，維持空間的連續性與流動性。

文＿李奕霆　建築設計暨圖片資料提供＿孫立和建築師事務所

06

孫立和
小尺度為生活刻畫
無窮想像

學經歷

1991	中國文化大學建築及都市設計學士
1993	國立成功大學建築碩士
1995～1997	大元建築及設計事務所專案設計師
1997～1999	李祖原建築師事務所設計襄理
2001	成立孫立和建築師事務所
2007～2009	南亞技術學院建築系兼任講師
2012～迄今	中國文化大學建築及都市設計學系兼任助理教授

得獎紀錄

2008	TID台灣室內設計大獎入圍
2010	TID台灣室內設計大獎入圍
2011	TID台灣室內設計大獎金獎
2013	TRAA台灣住宅建築獎入圍
2018	TRAA台灣住宅建築獎入圍

　　採訪當天，恰巧碰上孫立和剛結束日本見學之旅不久；投身業界逾 20 年，他總透過廣泛閱讀與實地觀摩，內化而生個人創作觀點，進而將其轉譯至建築表現上。不少人藉由 TID 台灣室內設計大獎金獎之作「L House」認識這位當代建築人，而事實上近來他仍創作不輟，持續為台灣小建築織就一道又一道嶄新風景。

大師啟蒙，累積豐沛設計能量

　　談起接觸建築的契機，孫立和笑稱或許得歸因當年聯考失利，才讓他有機會認真思考心之所嚮，並憑藉著對於藝術設計的喜好，選擇了自然組中少數的相關科系——建築。回顧求學生涯，孫立和表示當時對建築的想像多來自潮流趨勢，他拿出一本自 1989 年保存至今的日本建築雜誌《a+u》，細數裡頭的精采作品，如美國建築師 Thom Mayne、瑞士建築師 Bernard Tschumi……大展解構主義風潮下，建築如何打破現代主義慣常的幾何線條，呈現前衛樣態。孫立和尤其欣賞瑞士建築師 Peter Zumthor 以工藝結合科技，將材料工法的表現推向極致，直到現在都仍是他努力追求的方向。

「L House」以上級緬柚作為室內主要板材，同時打造實木格柵門扇與戶外觀景平台，另外搭配義大利洞石作牆面，衛浴潮濕區則由南非黑水沖面石取代柚木地板，詮釋出以天然肌理為本的愜意住居。此案獲2011年TID台灣室內設計大獎金獎肯定。

　　然而，真正為孫立和在實務面帶來觀念轉變與啟發的，則是初入職場曾短暫共事的資深建築師姚仁喜。他回憶自己一開始，對於手繪立面圖總在意繪畫技法的展現，但某次姚仁喜在看了成品後對他說，「我覺得這張圖應該拿去水龍頭底下洗掉 30% 會比較好。」起先他沒聽明白，後來才理解設計應顧及整體，而不在局部細節有多精美，特別是建築當中有許多個別元素待整合、建構彼此的關係連結，為大架構創造出完整與協調。

　　同時他也認知到，好的設計往往已經存在，全端看設計者如何發掘既存事實，即姚仁喜所謂「設計不是發明，而是發現。」孫立和舉例，要在一塊基地上蓋什麼樣的房子，其實就條件及居住者需求而言皆已隱約可見，接下來則取決設計者如何爬梳出解答，考驗不同建築師的觀察角度。

超越基本居住需求的建築思考

　　獨立開業初期，事務所案源以室內設計為多，即便規模都不大，但能夠讓孫立和從頭到尾徹底執行、完整掌握細節，這也是為何當他在爾後有機會承攬建築案時，仍較傾心於小尺度設計。不過他強調，住宅尺度固然小，但難度並沒有比較低，尤其在規劃階段即直接面對未來的使用者，必須對其生活習慣及人格特質有較深入細微的探究。

　　在孫立和的創作思維中，住宅絕非僅滿足最低限度的生活所需，勢必存在需仰賴設計提煉出的精神層次。他以用餐來比喻，食材熟了便可食用，但現代人已不只追求吃飽，還有健康、美味，甚至強調擺盤、服務及環境空間；居家場域亦然，在最基本的機能需求之外，必定有更多元素構築生活的全貌，讓居住者重新感受生活的可能。他企盼台灣小建築在未來能夠逐漸釐清對於在地的理解與共識，例如更誠實面對自然與人為環境，發展出因地、因人制宜的材料與構造，形塑更具指標與辨識性的燦爛風貌。

設計核心
思考關鍵 4 +

- ·· 生活機能
- ·· 構造工法
- ·· 環境地景
- ·· 材質主張

生活
機能

← ↓ ↓

打破傳統格局賦予空間全新定義

考量陽宅風水並改善原格局安排上的缺失，
「CCL House」利用兩道側牆定義出新的出
入口，並在有限的面積之下，運用雨遮及
金屬格柵打造半戶外的「外玄關」，使此一
出入口成為基地環境與內部空間的中介與過
渡。2樓空間則退縮為臥房及露台，與地面
層之前院連接出一塊戶外休憩場域。

生 活 機 能

構 造 工 法

↑

立面巧思兼顧隱私及美學

為配合建築整體的開窗比例及協調
性，同時顧及居住者的隱私需求，
「CCL House」在其立面置入了不規
則分割且高低、大小不一的開口，如
音律般起伏跳動，為量體形塑跳脫制
式的豐富表情。

樸實肌理喚起自然對話

「CCL House」的外牆採用洞石作為主要面材，揉合皮革
般的色澤及如雲霧的紋理，在陽光照射下產生彷彿土壤的
天然質感，為居家場域創造出與自然環境對話的可能。

環 境 地 景

材 質 主 張

善用地理優勢與自然共居

「L House」位處和緩坡地，其東側及
北側盡受綠帶與山林圍繞，為充分利用
此優勢，遂將主建築配置於基地高點，
並向大自然借景，設置碎石庭園、柚木
觀景平台、倒影池與水瀑石牆，演繹出
與環境一同呼吸的舒適家居。

環 境
地 景

文＿張惠慈　建築設計暨圖片資料提供＿中怡設計事業有限公司

07

穿越時空的新時代建築

沈中怡

學經歷

1992	中原大學建築學士
1997	美國哈佛大學建築碩士
1997～1999	美國紐約 Polshek Partnership Architects LLP設計師
1999～2002	美國紐約市 Skidmore, Owings & Merrill LLP（SOM）設計師
2011	美國紐約州註冊建築師
2002	成立中怡設計事業有限公司
2003～2011	淡江大學建築學系兼任講師
2007～迄今	大喆工程股份有限公司協同主持人
2013～迄今	CSID中華民國室內設計協會理事
2013～迄今	中原大學室內設計系兼任講師
2018～迄今	國立交通大學建築研究所兼任助理教授

得獎紀錄

2008	TRAA台灣住宅建築獎入圍
2008	TID台灣室內設計大獎
2009	台北市都市空間改造銀獎
2009	TID台灣室內設計大獎
2009	DFA亞洲最具影響力設計獎優秀設計獎
2010	TID台灣室內設計大獎
2010	台北市都市景觀大獎入圍
2010	台北市都市空間改造金獎
2010	台灣塔設計概念國際競圖佳作
2011	TID台灣室內設計大獎
2012	TID台灣室內設計大獎
2013	金點設計獎
2016	TRAA台灣住宅建築獎入圍
2017	金點設計獎
2017	DFA亞洲最具影響力設計獎優異獎
2017	AAP美國建築獎
2017	WAF世界建築獎入圍

從「天母葉宅」的外觀立面，並無法清楚看見居住者的生活空間，但其內部其實擁有非常寬敞的內庭；為保有屋主隱私，特別將開窗設計集中在量體內，使家人彼此對望，避免產生與鄰居或行人尷尬對看的問題。

近年來接連獲得 WAF 世界建築獎、AAP 美國建築獎、DFA 亞洲最具影響力設計獎，以及 TRAA 台灣住宅建築獎……等國內外獎項肯定的沈中怡，其作品深受現代建築之父柯比意（Le Corbusier）影響，深信好的建築不論在任何時空背景之下，皆依舊能透過與當代性之間的對話，顯示出其高度的協調性，而這也是柯比意最為人景仰之處，亦是沈中怡從業以來始終努力的方向。

理性設計思考中的亮點

儘管作品曾多次獲得各大獎項肯定，沈中怡仍虛心表示，「我目前還在成長階段，對於作品較不喜歡有所侷限，也時常用理性的觀點，看待每個案子的不同特色。」每當在設計規劃階段，他總會先冷靜思考其基地的優缺，再由理性的角度切入、分析，從中尋求亮點。

此概念的具體實踐於他近期的小建築作品便可窺其堂奧，如「天母 Villa」擷人目光之處即為活化屋頂空間的空中花園，而「天母葉宅」也為解決都市擁擠的環境問題，呈現出「outside in」、「inside out」等不同的視野景觀效果，串聯住宅的隱私及公共性。「我比較無法莫名去承接一個案子，接案前通常就會先有個想法、概念，再與屋主溝通，才開始著手整體設計。」

因此他強調，從事小建築設計最重要的還是遇到理念相仿的業主，若彼此之間沒有交集，溝通過程中勢必會產生障礙，正因為彼此的個性契合、喜好與想法一致，才得以成就出好的作品，展現量身打造的適性設計。

建築不應盲目追求流行

「設計其實就是把好的元素提升、壞的元素降低。」如今建築的形式多變、外觀形貌漸趨多元，但沈中怡對於設計的解讀較為單純，認為只要將各個案例先天的優點拉高、缺點減低，方能呈現出不錯的作品。「所以住宅最好能跳脫流行，才不會在未來顯得過氣，畢竟我們不可能每年都重做一次建築。」

這也是沈中怡一直強調的概念──「永恆」（Timeless），即建築要能跨越時間軸，才能在不論任何時期看起來都很「現代」（Modern），找出橫亙世代卻始終魅力不墜的空間語彙；畢竟所謂潮流趨勢永遠都在改變，但相反地，每個基地的自然光影變化卻大致皆維持在相同狀態。「我們做的設計比較偏向空間性，而空間又是一個抽象概念，時常需配合光影變化，達到虛實整合的效果。」

沈中怡的作品涵蓋公共、商業、住宅以及展覽，一路走來皆致力於多元化的空間設計，透過不同空間類型的發展與實踐，在在顯示出其建築思考跳脫單一，不受任何制式框架所限制。然而針對建築師之於住宅及業主的角色，他特別有感而發，「建築師的特質與專業其實很主觀，屋主必須找到與自己契合、理念相仿、可深度溝通的建築師，才容易在合作過程當中達成共識，一同打造完美的居家生活場域。」

設計核心
思考關鍵 3⁺

- ∴ 基 地 氣 候
- ∴ 環 境 地 景
- ∴ 構 造 工 法

藉由光影營造虛實整合

「天母Villa」的基地四周受自然美景圍繞，遂善用環境之中的特殊光影變化，結合水平開口設計，將樹影帶進室內，達到虛實整合的效果。

兼顧隱私與氣候對策

「天母葉宅」的立面設計不僅減少外在人為因素對個人隱私生活的影響，更可阻擋強烈日照、解決西曬問題，讓居住者感到舒適自在。

基地氣候

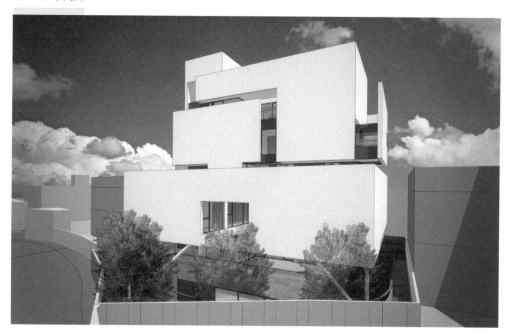

環境地景

構造
工法

打破制式地下室格局

「天母葉宅」運用鋼構支撐車道,將地下室的車庫設計成展示間的樣貌,並透過延伸的半開放式空間,翻轉地下室給人陰暗潮濕的刻板印象。

融入環境的自然建築

為向柯比意的作品「薩伏伊別墅」（Villa Savoye）致敬,「天母Villa」特別置入了自由立面、水平窗帶等元素。外觀則以輕塗料減少量體的視覺負擔,並在中央設計開闢天井,讓居住者可直達屋頂花園。

08

林友寒
召喚建築空間的文化自鳴

學經歷

1991	東海大學建築學士
1996～1997	宗邁建築師事務所
1997	美國哈佛大學建築碩士
1998～2003	Bolles+Wilson
2003	成立behet bondzio lin architekten林友寒建築師事務所
2015～2017	東海大學建築學系兼任副教授
2017	國立交通大學建築研究所兼任副教授
2017～2018	實踐大學建築設計學系兼任副教授

得獎紀錄

2003	德國萊比錫大學國際競圖勝出
2009	德國BDA建築獎入圍
2009	TRAA台灣住宅建築獎設計特別獎
2010	德國城市規劃設計獎
2011	台灣建築獎入圍
2011	TRAA台灣住宅建築獎首獎
2014	德國AIT建築室內設計獎第三名
2017	德國BDA建築獎佳作
2017	台灣老屋新生大獎金獎
2018	德國AIT建築室內設計獎佳作

　　2003 年即藉由德國萊比錫大學國際競圖賽嶄露頭角，具備台灣出身、赴美深造、於德國執業等多重背景的林友寒，近來則透過「新富町文化市場」一案再次引發國內外關注，獲德國 AIT 建築室內設計獎與台灣老屋新生大獎金獎的肯定。他以「文化自鳴性」為命題，嘗試釐清、反思所在節點的歷史涵構，探尋建築空間語彙的自由度，於創作歷程中找出靈感的出發點與正當性。

量身訂製與合宜設計間的權衡

　　歷經東海大學建築學系的養成教育後，林友寒負笈美國哈佛大學攻讀建築碩士。留美期間，受建築師 Leslie Gill 影響，他逐漸理解私宅在滿足居住者對於生活的想像的同時，須於每個細節反映出其特殊性。回望台灣，他觀察近年來小建築之所以走向多元發展，正是與整體社會結構改變、愈來愈多人開始關心居住議題有關。現代人因其成長背景及家庭關係的不同，衍生更多客製化需求，不循固定模式表述自我主張，而建築師的職責即協助屋主找到生命的價值、凝固其信任，運用建築作出與之相對應的詮釋。

為營造居家的庇護感，「清水湖」的開窗設計大部分皆面向樹幹，而非樹蔭，於尋求掩映遮蔽的同時，亦形塑被大自然環抱的恬靜閒適。

攝影_趙宇晨

　　林友寒坦言，小建築所面臨的最大挑戰，在其基地環境背景的相關討論。他進一步解釋，縱觀當今自地自建的單棟住宅，要不座落山間曠野，要不就是得面對都市中嘈雜擁擠的巷弄街區，以及千篇一律、具連續性的民宅景觀；事實上，許多小建築皆有與基地產生脫節的情形發生，畢竟所謂「好的小建築設計」必須在有限的尺度下回應業主對於生活特殊性的追尋，就某種程度而言，其原始意圖便不願與環境妥協，「如何透過合宜的方式突顯房子與眾不同的價值正是建築師最不容易做到的；更多時候，其實沒有辦法以具包容性的手法與周遭環境呼應，僅能在排外的前提下掙扎，盡力實現合宜設計。」

　　然而他也強調，有時完全脫離原建築環境所給予的條件作出全新的闡釋，實際上可利用其看似脫節、跳躍的變化，解釋新舊之間的關係。例如運用與鄰棟住宅相似的材料組成或構造工法的延續，展現具時空感的視野，為生活提供新的看法與提案，並藉現代性賦予其不同形貌。「每位建築師都應善於觀察環境中的慣性，進而在過程中形成可辯證的語言、決定選擇以什麼樣的矛盾點出發作為創作契機。」

堅守建築師的職責與生命價值

　　談及小建築的未來，林友寒樂見其成，「台灣其實有很好的創作環境與彈性空間，無論在地理或是文化上都具有啟發多元價值的可能。」或許有部分建築師會點出業主的封閉、地價過高、創作時間不夠長……等問題，但他始終相信重點仍舊在於個人有多少信心能夠實踐，以及是否懷有開闊的態度面對眼前的機會。他期許自己在這個快速變動的世代當中，能夠於既存的現況內體會持續向前的責任，並在能力許可範圍致力改善整體環境，使其變得更加舒適宜居，延續自我根本存在的生命價值。

環 境 地 景

設 計 核 心
思 考 關 鍵 4 +

⌃ ⌄

尊重自然，與之共居共生

「清水湖」的起造順應當地樹木的生長狀態，展現對於
大自然的寬和謙卑。其出入口特別設於窄面，使建築量
體本身不顯突兀張狂，加上外牆的紋理略帶皺褶質感，
彷彿碎化一般低調隱匿於森林之中。

- ‥ 環 境 地 景
- ‥ 材 質 主 張
- ‥ 基 地 氣 候
- ‥ 生 活 機 能

環 境 地 景

材質
主張

建築語言的反思與再詮釋

仔細觀察「簷屋」四周的地景，舉目
所及盡是臨時加蓋的鐵皮屋頂，遂於
結構上利用其量體本身以及錯落的屋
簷等建築行為，回應周遭環境中的即
時性、不正當性與不正確性。

師法自然的生動臨摹

為呼應與周遭環境的和諧共存，「清
水湖」的外牆以自然界中生物的偽裝
行為（Camouflage）作為靈感發想，
選用具黑白斑點的磚材，模擬陽光灑
落於樹林之間產生的小圓點，製造出
如隱身術般的奇幻效果。

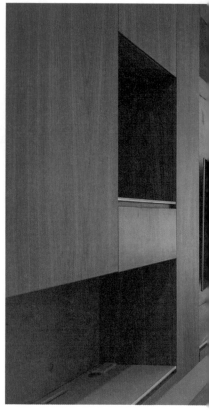

基 地 氣 候

重拾傳統結構工法的
實務性能

就本質上而言，屋簷作為屋頂工法的
延續，理應具備應對天候因素的必要
性功能，但在現代卻似乎已淪為一種
裝潢化的概念。面對屏東高溫多雨的
環境，「簷屋」透過層巒疊嶂般的結
構對當地氣候提出積極的解決方案，
以起通風、散熱、遮陽及避雨之效。

為生活打造自由變動的可能

「簷屋」中每座屋簷的形狀、深度與
光線過濾皆取決於背後空間的機能使
用，例如位於地面層的大客廳設有景
觀花園，而2樓的主臥室則安排了戶
外露台，藉由各式生活平台的交錯串
聯，打造合宜的居住環境。

生活機能

09

黃明威
多重構造實踐建築本質

學經歷

1990	東海大學建築學士
1994	美國哈佛大學建築碩士
1994～1999	美國貝聿銘及合夥人建築師事務所專案設計
2003	成立黃明威建築師事務所

得獎紀錄

2004	遠東建築獎校園建築特別獎
2005	台灣建築佳作獎
2007	南方都市報「中國傳媒建築獎」青年建築師獎提名
2008	WA中國建築獎入圍
2009	ArchDaily建築獎入圍Top 5
2010	台灣建築獎入圍
2012	花東「新車站運動」競圖首獎
2013	國家卓越建設獎金質獎
2014	國家卓越建設獎金質獎
2015	台灣建築獎入圍
2016	TID台灣室內設計大獎
2016	台中市都市空間設計大獎
2016	台灣建築獎入圍
2017	中華民國傑出建築師獎
2017	高雄市81氣爆紀念裝置藝術計畫競圖首獎（與藝術家顏名宏合作）
2018	國家圖書館南部分館暨國家聯合典藏中心競圖第三名（與香港邁地設計合作）

複合式餐飲住宿體驗所「On On Nature農食住實驗場」位於台中石岡的東豐自行車道旁，其狹長量體猶如一道大面積招牌，吸引遊客光臨休憩。

畢業於美國哈佛大學建築研究所的黃明威，談到自己早期對於建築美學的養成大多來自書本中的經典建築，而後來在美國貝聿銘暨合夥人建築師事務所任職的經驗，則讓他在成熟的建築設計及技術體系中進而體認系統性思維的建構，以及集體合作的工作倫理。2003 年成立個人事務所迄今，黃明威逐步將其業務範圍拓展至室內設計、建築營造以及都市設計等一條龍式的服務模組，無論是大型都市規劃或是小型建築，都能透過橫向、縱向的串聯與應用，讓建築空間邏輯的展現更為全面、不設限，尤其反映在人為因素涉入甚深的單棟住宅小建築。

小建築深度體現建築修為

由於小建築與業主的關聯性及掌握度最為直接，其涉入程度自然較深，對此黃明威表示，其一體兩面之處在於，弊則限於預算控制、便宜行事，容易在圖面規劃完成後自行發包，對於施工介面常有誤判，影響圖面的原意與效果；利則正因為「人」的涉入較深，能夠讓建築師在溝通、挖掘、判斷多處面向時，大量整合、反思建築本質。

黃明威說，住宅設計著重屋主的生活機能需求，建築師的角色即是利用專業視角，探究、引動原本不被注意或表達的存在事實，從人文條件、結構工法、材料本質、環境地景、空間計畫乃至氣候因子，創造對天、對地以及基地內外的周全與緊密和諧。對他來說，建築本身就是一個持續且動態的修為，如同從「匠」到「師」的路徑挪移，建築師在過程中需不停掌握自我要求與持續鍛鍊的啟動開關，同時拓寬釋放已有固見，暫放制式工法與思維，保持開放心胸，透過創意與巧思將其實踐。他也強調，其展演形式並不拘泥於傳統對建築設計的分類方式，重要的是使用者能夠透過空間感受「生活」以及自身對於「社會美學環境」的不同，進而產生正向質變。

混合構造，工法材質實踐建築本質

黃明威認為，發揮創意並結合多重材質、構造工法，讓其各司其職，終將使建築達到平衡的效果，但創意並非天馬行空或曇花乍現，亦不是一味棄舊迎新，反倒是透過對材質、結構、工法透徹地了解，加上金錢與時間權衡後的理性判斷，「比起由風格論設計，我更相信材質、工法與結構。」

談及小建築與混合構法的應用，黃明威以座落於瑞士蘇姆維特格的 Saint Benedict Chapel 作為實例。這座建於 1988 年、由 2009 年普立茲克建築獎得主 Peter Zumthor 所設計小教堂，雖非作為住宅之用，但其金屬屋頂、木構屋身與 RC 基座等 3 種異材質的巧妙搭配運用，仍舊堪稱小建築典範──金屬防水耐用、木構冬暖夏涼、RC 基座穩健防火，其材質及構法邏輯都與當地的人文及自然環境相互契合，也與在地古老石造屋頂民居毫無違和，自然融入地方風俗民情。這無疑影響了黃明威日後對於建築的體認：不需標新立異，保留自然建構的本性與環境契合，便是最舒適的小建築。

設計核心 3 +
思考關鍵

- 構 造 工 法
- 環 境 地 景
- 材 質 主 張

建物自成一道迷人地景

「On On Nature農食住實驗場」的狹長量體與成排的格柵設計，利用其輕鋼構及木構輪廓線條混血新生而成的嶄新地景，向行經東豐自行車道的騎士們熱情招手。此外，建築本體的立面同樣以格柵形態呈現，並搭配大面積玻璃帷幕，讓大自然景致投影在上頭，彷彿掛上一塊隨時序變幻無窮的天然畫布。

混和結構為建築創造平衡

「On On Nature農食住實驗場」由木造屋、鋼板鏤空階梯、清水模牆面三者結合，充分展現多重結構相互搭配的具體應用。輕巧的階梯與扎實的水泥牆面形成輕重平衡，而質地原始的階梯、牆面又與紋理溫潤的木造屋營造同樣樸實卻冷暖有度的另一平衡。此外，其木構屋頂與鐵件框架支撐通風、RC基座堅固耐用且防火抗震，三者亦同為混和結構，各司其職、相互平衡，實踐建築本質。

材質主張

鐵件力度俐落剛強

「On On Nature農食住實驗場」的木
構屋頂與樑柱由鐵件支撐,展現鐵料
的堅實特性。鐵件的間隔另設有排煙
窗,自然形成空氣循環,排放熱氣。

鐵木完美結合

「On On Nature農食住實驗場」的
樑柱接頭由集成材相互卡榫，卡榫間
利用鐵板增加強度。另外，金屬蓋板
能有效為木材朝上的斷面處達防水作
用，而木構造的柔軟彈性及質感與鐵
件的堅實亦相輔相成。

文＿李奕霆　建築設計暨圖片資料提供＿大山開發建築師事務所

10

趙元鴻
都市計畫觀點下的
宜居尺度

學經歷

1998	國立成功大學建築學士
2003	成立大山空間設計有限公司
2005	國立成功大學都市計畫碩士
2008	成立大山開發營造有限公司
2017	成立大山開發建築師事務所

得獎紀錄

2009	TID台灣室內設計大獎
2009	中華民國傑出室內設計作品
	金創獎金獎
2012	ADA新銳建築獎特別獎
2013	TRAA台灣住宅建築獎入圍
2016	TINTA台灣空間美學
	新秀設計師大賽新秀獎

　　結合建築與都市計畫背景的趙元鴻，是同輩建築師之中少數專注於小建築創作超過10年的耕耘者，其作品也因他的雙重專業出身，展現出超脫單棟住宅形式的前瞻觀點，試圖透過小點建築串聯起隨整體都市脈絡發展的緊密關係。多年來，他所領導的「大山開發建築師事務所」不僅致力於建築與室內設計，還兼營營造；近來更將觸角延伸至公共工程，期盼藉由長久以來自小建築淬鍊而成的「小我」實踐，為台灣未來的建築地景構築嶄新風貌，創造下一波「大我」格局。

專業雙軌並進，多元觀點切入

　　具備雙重學術專業的趙元鴻，其作品多與環境產生強烈連結。深究其中原因其實不難理解，都市計畫的論述核心多從城市的大架構出發，而建築在設計過程中的發想脈絡亦是由大到小，造就他的小建築作品不論座落都市或鄉間，總能體現出與周遭地景之間的互動關係。

　　然而在高度都市化的環境裡創作，勢必得面臨基地多位於老舊街區、四周景觀繁雜

「陳桑民宿」以紅磚與木料等傳統建材，搭配現代化的材質結構及技術工法，使得經改造後的老屋不但仍保有濃烈的文化地域性，同時演繹別具當代創作思維的前衛設計感，為老舊街區置入多元的建築地景。

等問題，為此趙元鴻採取將設計重點退縮至居家場域的策略，例如打造內部中庭，營造回歸住宅本體的氛圍重心，或者取材地域性元素，以錯落有致的立面平衡與鄰房在視覺上的和諧，同時利用材質、色彩等語彙回應基地特性。

階段成果驗收，迎向未知挑戰

創業初期，趙元鴻以從事室內設計案為多，不過就他的觀點，這其實是對於空間思考難得的磨鍊機會。事實上，建築與室內設計兩者密不可分，諸如床要怎麼擺、起居與餐廚空間如何安排……等，都是建築在設計階段就必須考量的課題；另一方面，許多建築師在面對軟裝配置與水電整合時，並不如室內設計師細膩。小建築尤其考驗設計者對空間組織的能力及室內設計層級的掌握，所以當操作室內這樣微尺度的作品經驗累積到一定程度後，自然會提升日後面對更大尺度建築時的判斷能力。

對趙元鴻來說，小建築不僅是量體形式的存在，其精神更具備某種獨立性，廣涵業主的機能需求、生活想像及 lifestyle……等，即便大眾所認知的住宅架構大抵上都差不多，但在實務上卻可以細膩到每棟房子的面貌都不一樣。尤其小建築的工期相對較長，需要投注許多心力與業主對談，整體過程所磨耗的時間甚至不會低於作業量超過 10 倍的公共工程。這讓趙元鴻不得不承認，「小建築的尺度雖小，但絕對沒有比較簡單。」在如此極富挑戰的設計流程之下，也讓他反覆省思小建築還能有怎樣的進步空間，例如近來他便非常強調室內環境品質的控管及通風採光，因而採用低甲醛材料，並以環境模擬或通風測試來優化設計性能，成就出他在歷經多年的小建築設計後仍努力嘗試各種全新可能的堅定志向。

設計核心
思考關鍵 3⁺

- 基地氣候
- 構造工法
- 生活機能

基地氣候

構 造 工 法

引光入室改善基地缺失

連棟街屋住宅擁有先天通風採光不佳的缺點，因此「白白海之家2」在設計上以水平通透的概念出發，利用陽光中庭、透明電梯與樓梯等元素，將穿透的視角延伸至不同樓層，創造明亮通透的視覺感受。

揉合多重元素演繹當代

靈感取自傳統合院的「合院之家」透過其量體線條的轉折，為整體建築鑲嵌豐富表情。不論是多重質感的灰色丁掛磚、不規則狀的純白山牆，或者量體推疊而生的光影，皆在在詮釋台灣傳統建築元素歷經變形後的獨特當代性。

生活機能

◀ ⋮

創造平衡公共與私密的愜意尺度

位於寧靜學區的「藍屋」採用大片開窗面對私人庭園與學校操場，營造出半戶外休憩角落。看似開放的設計也在加入綠意的掩映後，保有住宅基本的私密需求。此外，色彩為趙元鴻近年相當重視的美學元素，他認為現今住宅的外觀常脫離不了黑、灰、白的框架，如果能在主流調性之中增添幾許繽紛，或許能為建築與大自然帶來更多交流，進而豐富整體都市地景，並在微環境歷經質變後形塑大都會不同區域的差異性。

⋮ ▶

強調與自然共居的和諧關係

大山團隊強調空間與環境之間的對應關係，特意強化通風與採光條件，讓居住者可真實體驗戶外大自然的變化，以簡樸手法形塑與自然貼合的舒適居家場域。

文＿許嘉芬　建築設計暨圖片資料提供＿十彥建築／林彥穎建築師事務所

11

林彥穎

以城鄉美學活化在地環境

學經歷

2000	淡江大學建築學士
2002	郭恆成建築師事務所專案建築師
2003	行政院文建會國立台灣博物館 約聘專案助理工程師
2004	成立林彥穎建築師事務所
2011	中國科技大學建築系兼任講師
2013	淡江大學建築系兼任講師
2014	國立臺北科技大學 建築系兼任講師
2014	中原大學建築系兼任講師
2017	臺北市建築師公會學術委員
2018	CSID中華民國室內設計協會理事

得獎紀錄

2004	228國家紀念公園 國際競圖設計首獎
2007	TID台灣室內設計大獎
2009	台北市都市景觀大獎 都市設計銅獎
2011	TID台灣室內設計大獎
2012	中國建築藝術年輕設計獎
2014	HKDA香港設計協會 住宅空間優秀獎
2017	金點概念設計獎入圍
2017	APDC AWARDS「讚頌創造 力─2016／2017亞太室內設 計精英邀請賽」入圍

面對「大甲高宅」嚴峻的日曬問題，林彥穎由大甲地方特產藺草──經風乾後為常見的手工編織材料，可製造成遮陽帽等織物──得到靈感，利用中空鋼管排列出格柵，並精算鋼管間的比例與孔隙間距大小，營造舒適的通風採光。

17 歲開始每個暑假在事務所打工的日子、大四考上建築師高考，畢業時更拿下傑出設計獎；林彥穎於 26 歲成立個人事務所，從 1 人擴展到現在的 8 人團隊，一路走來始終如一，堅信建築並非只服務中上層階級，也應照顧廣大族群。

相較一般正規建築教育養成，林彥穎進入建築的開始，反而是五專專科，不過正因指導老師皆來自業界，也讓他對於建築實務有了進一步的理解。然而對他來說，真正對建築產生興趣，甚至立志成為建築師，其關鍵點則在大學，經由探討建築的演進與發展、社區意識等邏輯建構的過程，認知原來建築不單只是房子，還隱藏了諸多可能性。大學畢業後，在建築師郭恆成與老師張基義的事務所工作階段，林彥穎開始接觸新校園運動及城鄉建築發展，包括各式公共競圖與偏鄉學校興建等業務，他這才明白，建築師除了扮演空間的創造者之外，其實還多了一分理想與責任。

探索人與生活的關係，才是最舒適的空間

與其他年輕建築師一樣，林彥穎懷抱著熱情投入小建築領域，因為住宅最貼近人們生活的空間，也是組成都市的基本單元。然而為了兼顧事務所經營，林彥穎也開始從事室內設計，試著將人與空間所形塑的緊密關係蔓延至小建築。

即便他的小建築作品不多，於每次設計過程中仍不斷思考，空間是否能為使用者帶來舒適的生活方式，並解決環境問題，營造最宜居的生活風貌，並非一味跟隨傳統 3 房 2 廳、配備大車庫的既定模式。

整合地域氣候、材料，創造怡然自得的生活

執業多年，看待現今小建築的發展，林彥穎有感而發地表示，台灣一直以來都過於盲從、欠缺自信，對於自我價值無感，以致於許多小建築僅是換換材料、顏色，一眼望去幾乎似曾相識、缺乏個性。

對他來說，好的小建築設計其實很簡單，只要能讓屋主表述自我價值，以及對於生活的態度與性格即是好設計，但就某個層面，他也思考著如何「感受自然」。以日本建築師安藤忠雄早期的成名作「住吉的長屋」為例，屋主必須透過中庭的走廊與樓梯才能往來各空間，下雨天得撐傘，下雪還得忍受嚴寒，顯示建築與環境的連結仍無法被忽略。回歸到本土小建築，台灣位處亞熱帶，屬多雨潮濕的氣候，在兼顧光線與空氣的同時，就得一併思考雨水的阻隔、室內溫濕度調節，甚至是否造成材料發霉等諸多細微之處皆是設計關鍵，同時透過建築思考表達對於環境的認識及理解。

談及未來整體建築環境的發展，林彥穎不諱言與前輩相比，現今 70 ～ 80 年代的建築師面臨市場小、競爭大的狀況。戰場必然不只在台灣，事業版圖擴及全球，得對自己的文化背景更具信心，嘗試取回更多發語權。此外，不論是面對小建築、公共建築，都應該有「成就更好的環境與都市」的理想與認知，唯有透過改變與持續創新，才能讓自己永保對建築的熱忱。

構造
工法

設計核心 思考關鍵 4 ⁺

生活
機能

· · 生活機能
· · 構造工法
· · 基地氣候
· · 材質主張

高難度技術強化造型與構造安全

採雙磚複層形式構築而成的「大甲高宅」使用環保彈性水泥塗布表層,第2皮層則為常見的加強磚構造,確保結構厚實。柱體上方運用旋轉混凝土創造出如蛋捲般的造型,曲度滑順,考驗特殊工法技術。

聰明格局貼合使用者生活

「大甲高宅」的開放式客餐廳由可移動式拉門作為隔間,關上時可為各機能空間創造流暢動線,敞開時營造明亮通透的視覺感受,廚房料理區亦隨即搖身一變形成休憩吧檯;置入了佛堂的起居空間則屬較少見的空間配置,利用電視牆作為輕隔間,其背後的展示櫃亦具備收納功能。

材 質
主 張

基 地
氣 候

結合在地元素與環保建材

有別於傳統街屋慣用的二丁掛磚施作，「大甲高宅」改以環保石頭漆上色，融合基地所在地大甲盛產的芋頭為色彩指標，形塑低調的深灰面貌；騎樓天花則是採回收舊木料打造，其覆蓋面延伸至柱體，並將電箱設備包覆其中。

多變結構阻擋季風侵擾

考量「大甲高宅」的北面迎來強勁東北季風，遂於立面的露台與平台置入錯落有致的多重層次，透過幾何線條呈現立體感，同時形成風阻。

實用性設計營造室內外表情

「大甲高宅」位居東面的外牆正好臨陽光直射，因此以延伸的大面積格柵阻隔日曬，亦間接削弱氣流吹向室內的力道，同時保留窗口與格柵的間距，讓光線與通風獲得改善，給予屋主明亮舒適的生活空間。居住者也可藉由小開口欣賞街道風景，形成室內外曖昧模糊的視覺效果。此外，針對過於強烈的室內採光，除了以雙層玻璃作為窗戶底層之外，還加裝3層紗簾，有效遮蔽紫外線。

文＿吳念軒　建築設計暨圖片資料提供＿張景堯建築師事務所

12

張景堯

與天地接軌的築夢小建築

學經歷

1987	美國賓州大學建築碩士
1983	中原大學建築學士
2005	成立張景堯建築師事務所

得獎紀錄

2006	府城建築獎首獎
2006	TRAA台灣住宅建築獎首獎
2008	台灣建築佳作獎
2011	TRAA台灣住宅建築獎第二名
2011	建築園冶獎
2012	建築園冶獎
2012	國家卓越建設獎金質獎
2013	TRAA台灣住宅建築獎優等
2013	中華民國傑出建築師獎
2014	台中市建築師公會年度貢獻獎
2015	台中市都市空間設計大獎
2016	台中市都市空間設計大獎
2018	建築園冶獎
2018	TRAA台灣住宅建築獎佳作
2018	TID台灣室內設計大獎

「要談藝術，天地有大美；要談建築，蓋出來才算數。建築不是一種職業，而是一種志業。」張景堯如此談起自己對於建築的核心設計理念。細數張景堯的作品，皆可見與天地的接軌、大自然的臣服，再美也美不過取自天地的輪廓。「建築的作為，是我們的美學與修行，簡單而不單調，豐富而不複雜。」他深知建築的本質不僅是蓋一棟建築，而是把所蘊含的風土民情、氣候文化、居住需求與地理條件等相互搓合，透過深入淺出的構造工法與材質挑揀，將無形的美具體化，成為該基地的歷史軌跡，使人、建築、自然環境三者能夠自在串聯，達和諧且適性適所。然而，這樣的活躍表現在單棟住宅之中，因「人」的角色涉入較深，緊密度尤其明顯，美的體現也更加耀眼，成為小建築最迷人之處。

小建築靜心築夢

張景堯表示，小建築之所以為人嚮往，正因為有足夠的力量，乘載著人們內心渴望著能獨一無二，以及對於成家築夢的期待。而築夢的過程，則是透過靜心、反思、萃取、

「雙垤」採取先退縮再置入牆擋的作法，將雙拼住宅分至兩側，為路沖處讓出一條中軸線，不僅柔和地對待原地景，也體現建築之於環境的人文態度。

簡化，找到內心深處最單純的聲音，進而從零到一、從無到有，藉由建築師的巧手，將夢想雕塑成一座城堡。

　　然而，現實生活中的浮沉容易讓人忘卻內心真實的想望，反倒讓買屋蓋房成為客觀條件的權衡，考量房價會不會漲？地段夠不夠精華？內裝是不是頂級時尚？張景堯認為，「土地」、「生活」、「形式」3 種內涵元素的相互交集便足以圓滿夢想。有了天地相襯乘載自然的力量，有了讓人心回歸的單純簡約，有了歷史蘊含的風土民情，即所謂「簡單而不單調，豐富而不複雜。」在他的心中，只要將人與環境、自然的互動做實，方能成就出最美的居所。「好的建築，是對土地最佳的承諾。回歸生活的本質，建築才能開始。」

合院精神與天地交流

　　「合院的精神就是『空』，當空的東西配上天地，變得無特定功用，人們自然就會與之互動。」張景堯說，傳統合院的空曠中庭，平日裡有兒童玩耍嬉戲、大人乘涼暢談；換季時便曬被晾墊，農忙時曬稻穀、鋪乾貨，婚喪喜慶之時則為停車宴客所用。他便以此為靈感，運用合院精神為建築空間留白，保留人與環境、天地互動的美好。

　　在住宅趨於豪華、高公設比的時代背景下，張景堯獨樹一格，2011 年所推出的零公設住宅「平均律」曾轟動一時，其大廳寬廣淨空、圍牆以大水池天然圍塑……經過多年的回訪探究，得知居民會在此舉行音樂會、辦桌聯歡；端午佳節門口的大水池甚至出現孩童們舉行龍舟競賽的趣味場景。零公設的概念，將空間的主導權留給使用者，並透過友善的水池取代高聳圍牆，為大自然保留一處空間，也為在地人留下與環境互動的無限可能。

設計核心 思考關鍵 3 +

- ·· 材質主張
- ·· 生活機能
- ·· 構造工法

材質主張

生 活 機 能

凝聚與關照

「蓮苑山房」挑高的書房望向中庭，戶外美景一覽無遺，也讓
使用者能輕鬆掌握家中成員的動線，或當有客來拜訪時可隨時
互相關照，呼應合院的宗族及鄰里精神。同時間，中庭也在其
遮光處開大窗、向陽處開小窗，保持通風與明度；紅磚火爐的
意象則為了傳遞家的核心概念──「聚」。

忠於材料質地

「蓮苑山房」為呈現出傳統合院的格局，特別在其入口處安排
了ㄇ形留白，而大型外牆由簡單樸素的水泥空心磚構成，概念
如同清水模一般，忠於材料的質地又能夠承重；中間則置入空
氣牆，避免水泥在白天過度吸熱無法排散。

構 造 工 法

巧思砌成自然

「蓮苑山房」利用金屬貓道與實木活動隔柵，為室內形塑清透的光影效果。此外，也在天頂與書房下方分別置入4個聚熱玻璃天窗及地面開窗，運用熱空氣上升、冷空氣下降的原理增加空氣對流，並透過屋頂周邊圍繞的極細百葉遮罩，使屋內更加涼爽。

傾聽與順應

雙拼住宅「雙埕」在兩戶之間置入特殊構造，形成風切小縫，引動空氣循環，而原本西曬的露台也巧妙地為大牆所遮蔽，營造供人乘涼休憩的戶外花園。

文＿高毓霙　建築設計暨圖片資料提供＿柏林聯合室內裝修設計＋建築師事務所

13

王柏仁

探索生活本質的最佳體現

學經歷

1998	國立臺灣科技大學建築碩士
1996	吳明修建築師事務所建築設計師
1999	黃聲遠建築師事務所專案建築師
2002	越南建設集團建築規劃設計部主管
2004	上海豪森集團建築規劃設計部主管
2006	成立柏林聯合室內裝修設計＋ 建築師事務所

得獎紀錄

2008	空間母語建築獎
2010	中國建築傳媒獎
2010	遠東建築獎
2012	ADA新銳建築獎
2013	TRAA台灣住宅建築獎
2014	ADA新銳建築獎
2016	TRAA台灣住宅建築獎

　　每座令人感動的住宅，皆是回應基地條件、貼近居住者需求而來的成果，其中單棟住宅小建築最能體現這般適切美好。「小建築是所有建築的基礎，更是重拾建築初心的根本。」王柏仁表示，其設計精神在於透過對自然地景的觀察及互動，累積屬於自己對於土地的詮釋，同時以適性出發，在受限的技術條件中力求清晰原創，並運用理性構築出居住者與環境共處的最佳狀態。

經驗扎根培養敏銳觀察

　　王柏仁的建築學習之路，部分受益於過去常到第三世界國家旅行的經驗。在發展條件相對不成熟的環境中，他努力探究建築本質，藉由文化衝擊以及日常生活的細微差異化，培養對於空間認知、地域特質與建築使用行為的敏銳覺察，創造具時空感的創作想像。「若一直處於均質化的生活環境，會逐漸消磨設計的敏感度。」王柏仁透過自我歸零與無盡探索，轉其為豐盈建築設計的最佳養分。

位在風城新竹的「風厝」以風為名貫串整體設計，無論是構築手法或是材質主張，都與其地理條件相互結合，落實對於自然與環境的思考核心。

因人因地制宜的適切生活樣貌

「空間設計的價值，在於讓生活變得更好。」王柏仁坦言，多數人其實都不夠認識自我，建築師的角色便是在既有的限制中找出方法，協助居住者重新定義其生活需求。「建築設計要回歸本質，替居住者提出解決方案，這個過程並沒有標準答案，萬不可以慣用的思考模式應對不同的居住者，而是必須因應其需求，找尋最適切的生活樣貌。」

他強調，建築空間並非封閉的樣態，更多的是人與環境、自然及周遭事物之間的關係。因此，建築師的工作必須傾聽、了解屋主需求、順應基地條件，進而納入居住者的個性、喜好、生活方式……等融合統整，歸納出設計核心。

在王柏仁的心中，好的小建築必須為居住者與所處環境建構連結與對話的機會，引導屋主感受自身周遭的特別之處。「少了切割劃分的空間隔閡，居住者才能在空間裡自在感受土地、氣候變化以及四周一切事物，創造深刻對話與互動。」從他的作品便能感受地景環境、四季變化的融入，以及因地制宜、就地取材的設計手法，賦予不同地域新的詮釋，呈現具意識的美感構築，長出專屬自己生命力的豐富姿態。他也認為，台灣小建築其實有著很高的實驗性及細緻度，唯有打破僵化制式的框構與生活型態，啟發不同的設計思維，才能醞釀孵育出反映居住者與所在環境的獨特成品。

一路走來，即便王柏仁曾操刀設計住宅、商業空間、公共工程等各式建築空間，最深植其心的依然是小建築。他直言，小建築是沒有終點的設計之路，每個個案都是全新挑戰，值得持續深究、探索扎根，並在表述自我主張的同時，讓更多人接觸、體驗小建築所帶來的適切美好，同時提升建築對於城市地景所創造出的饒富層次，以及趣味魅力所在。

設計核心 思考關鍵 4 ⁺

- ˙˙ 生活機能
- ˙˙ 構造工法
- ˙˙ 材質主張
- ˙˙ 基地氣候

生活機能

材 質 主 張

挑高地基隔離濕氣與蛇擾

「野房子」利用整地挖出的卵石於建築四周進行生態工法,其卵石砌成的地基架高60公分,搭配凸出的平台設計,不但隔離地面濕氣、解決雨季排水,也有效阻擋蛇類進入居家。

多重機能豐富生活可能性

「野房子」裡每個空間的功能設定皆打破制式格局與使用方式,提供2種以上的機能,讓居住者可於其中挖掘更多生活的可能性,例如車庫不僅作車庫之用,更轉化為室外聚會場所。

延續時間感的樸拙材質

「風厝」運用墨綠色洗蛇紋石大牆、角鋼焊製鐵窗、清水模天花板、頁岩、鑿面花崗岩地坪、婆羅洲鐵木、夾板……等突顯材質原貌,面對時空推移仍歷久彌新,留住具時空感的質樸建築表情。

基 地
氣 候

多向度開口創建流動空間

順應氣候與環境地景，「野房子」與
「風厝」在布局上因應風雨及日射變
化，配置不同開口或內外過渡的雙層
玻璃設計，以起遮陽、擋風、避雨、
採光通風、調節室內溫度之效，也將
日照移動所形成的不同光線表情延攬
為別緻風景，創建出流動空間感。

伏簷設計因應氣候變化

建於緩坡上的「野房子」，其伏簷穿透
設計自室內向戶外串聯起太平洋與海岸
山脈。特殊大型出簷巧思不僅有效阻擋
東台灣的強烈日照，面對雨季也可開
窗，即便遇颱風來襲，只要加裝防颱
板，亦不影響整體使用，更能作為最佳
休憩廊亭。

14

楊秀川、高雅楓
建築是改變文化的最直接方式

學經歷

1998　中原大學室內設計學士
2006　成立楓川秀雅建築室內研究室
2007　東海大學建築碩士

得獎紀錄

2012　ADA新銳建築獎首獎
2013　台中市都市空間設計大獎入圍
2014　台灣TRAA住宅建築獎入圍
2016　台灣TRAA住宅建築獎入圍

　　「楓川秀雅建築室內研究室」（以下簡稱楓川秀雅）的主持建築師，同時也是夫妻檔的楊秀川與高雅楓，自就讀中原大學室內設計系時即是同學。他們共赴東海大學攻讀建築研究所，爾後年紀輕輕獨立開業，不僅 30 出頭歲即參與溫泉飯店「泰安觀止」建築案，更於 2012 年憑作品「空心磚計畫」獲得 2012 ADA 新銳建築獎首獎，是同輩之中少數擁有開業超過 10 年資歷的堅強團隊。

將生活反映於建築立面

　　楓川秀雅早期的室內設計作品「30 號住宅」、「18 號住宅」等，大膽操作輕灌混凝土包覆天地壁的手法，試圖利用建築邏輯回應空間問題，展現出厚重、裸面、無修飾的「材質感」，令人印象深刻。對此，楊秀川澄清，灌漿實是情非得已，「室內設計談的多是關於包覆與整理，但我們認為室內是在建築端就應該處理的事。」直到「空心磚計畫」之後，以及接下來的「Wall House」、「46 號住宅」等作品，從建築貫串室內的整體設計才終於被落實。

「Wall House」以一道巨大高牆屏蔽東北季風，創造舒適的室外與半戶外空間。

　　不論是「空心磚計畫」使用的不規則網狀空心磚，在建築立面覆蓋一層皮膜，解決隱私與西曬問題，或是「46 號住宅」以更加俐落的手法，利用深達 300 公分的大陽台、高達 200 公分的女兒牆，以及從上方圍塑的垂壁，創造既開放又隱私的半戶外空間……在在將居住者的起居、休憩、閱讀與工作空間的配置，反映成建築立面，足見楓川秀雅隱含在設計底下的思考策略。

　　楓川秀雅認為，小建築指涉特定使用者，相對於商業或公共空間，設計較個人化，建築師除了要具備細膩的感受及敏銳的觀察，還要能對於生活或環境提出看法，進而結合居住者的個人特質，設計出能與使用者互動的作品。

　　楊秀川說，居住者決定了城市的樣貌，而小建築應為城市的整體美感負責，對自然環境與都市的觀瞻要有更多的思慮，像是水塔設備如何收納、陽台如何活化使用、面對防火巷的態度，以及建築與街道的介面關係……等，都是應該深入思考的課題。

小建築肩負城市美感的未來

　　在建築的高度理性之下，楊秀川與高雅楓面對圖紙的態度，卻是意外地柔軟與感性。楊秀川打開自己的靈感筆記，一張張以線條、幾何或壓克力構成的抽象畫，描繪著墾丁大白榕的錯綜氣鬚、銀葉板根老樹的多向支撐、河床卵石複雜的集合……從大自然觀察到的材料質感、構成與形式被內化成為思考，深深影響了楓川秀雅的建築風格。

　　觀看楓川秀雅的建築，可感受到一股屬於都市的前衛，但他們的作品分布卻以雲嘉南為主；有的在老城區的舊市街，有的在濱海地帶的田間。在台灣中南部——全台自地自建的大本營——可明顯感受到一股設計能量正在滲透，改變了過去「蓋房子＝營造」的傳統。儘管用建築來改變文化相對緩慢，但楓川秀雅認為這是一種很直接的方式，並深信著當設計變成一種必須，城市的樣貌將愈來愈美好。

攝影＿李易暹

攝影＿李易暹

‥ 構造工法
‥ 材質主張
‥ 基地氣候

構造
工法

大膽結構創造流暢動線

位於老街區的「46 號住宅」利用高達200公分的女兒牆阻絕外界視線，而出挑300公分的深陽台則使用懸臂結構，在沒有柱體的阻擋之下，陽台連貫成環繞建築的散步動線。

立面巧思兼具公共與私密

以數個塊狀量體堆疊而成的「46號住宅」，在女兒牆與垂壁的上下包夾之下，其陽台僅隱約可見，保全住宅隱私。同時，為了化解塊狀量體的沉重視覺感，特別將支撐柱隱藏在室內，使立面姿態更加簡潔俐落。此外，陽台延伸出的半戶外空間也為室內賦予了開放性，亦營造住宅與周圍高樓之間的緩衝，使小建築設計不再只是獨善其身，而是納入了更多社會性考量。

攝影＿李易暹

材 質 主 張

紋理質地表述設計理念

從楓川秀雅早期的作品到現在的「45
號住宅」,皆使用不少灌漿手法處理
空間,將功能、造型、照明等元素融
合在結構裡頭,傳達從建築解決空間
問題的理念。

牆面巧思克服基地缺失

位在濱海地帶的「Wall House」以一
道高聳的側牆阻擋強烈的東北季風,
而牆上刻意保留的細長縫隙,削弱通
過氣流的力道,使風變得溫柔和煦,
讓露台及陽台成為舒適的活動空間。

基地氣候

文＿張景威　建築設計暨圖片資料提供＿雨耕聯合設計顧問有限公司

15

陸俊元
找回與環境對話的方式

學經歷

2002	樹德科技大學建築與古蹟維護學士
2007	成立雨耕聯合設計顧問有限公司
2010	台東糖廠歷史文化空間再生計畫 總體規劃共同主持人
2012	東海大學建築碩士
2012	文化部提升地方視覺美感方案 台東縣共同主持人
2012	花蓮縣豐田村移民指導所事務室 修復共同主持人

　　《漂亮家居》編輯部自 2007 年起著手製作《蓋自己的房子》系列叢書，因緣際會認識了深耕故鄉台東的建築人──陸俊元。除了小建築的創作之外，他也具備古蹟修復的專業背景與文化資產保存的經歷，致力於東台灣的老屋修復，例如台東糖廠以及花蓮豐田村移民指導所事務室的再生改造計畫等。在新舊建築設計並行之下，陸俊元的小建築沿襲老屋的調查研究傳統，不僅強調建築與地景的互動，更期盼為居住者尋得與環境共存共榮的方式。

扎根台東，與環境對話

　　將近 16 年的求學生涯中，陸俊元不若多數建築專業學生行走在筆直的道路上，大學竟因錯填志願而轉念古蹟維護，不料這段看似「偏軌」的經歷卻對他的人生造成巨大影響，為他在日後研究所時期回歸建築設計，甚至是返鄉執業皆奠定了不同根基。「剛開始我其實很痛苦，畢竟與之前所學完全不同，但時間久了就逐漸理解，古蹟修復事實上更注重人的行為與住居關係，投注許多心力在環境觀察。這也讓我反思，過去我所學

三代同堂的「關廟林宅」以傳統合院為靈感，針對不同世代對於空間的喜好與認知，規劃出兩個中庭連結各自的生活場域，既保有個人空間，又能讓家庭成員彼此間的行為相互融合、延伸。

習的建築知識是否太過『傲慢』了些？」陸俊元解釋，以往所學多只注重建築單體本身，而忽略了與環境更甚是整個地理區域的連結。此一體悟使得他至今仍不斷努力摸索，期盼作品能與自然以及居住者產生對話。

懷抱著為故鄉奉獻的心志，陸俊元於 2007 年回到台東成立「雨耕聯合設計顧問有限公司」。他特別提到，台灣東部城市的建築發展遠比西部來得緩慢，與業主以及地方工班溝通時，經常花費很多時間讓對方了解何謂舒適的居住空間、如何與大自然共處；即便他大可直接從西部引進更完善的營造資源，卻還是希望透過多元交流，帶給當地人新的理念與技術工法、扭轉舊有思維，提升東台灣的建築品質。

新舊之間，賦予空間不同思考

返鄉逾 10 年，具備古蹟修復背景的陸俊元不僅從事小建築設計，也常奔波於老屋搶救的艱鉅任務，為了使業務分工更加細緻，2018 年特地將整體經營方向再細分為：小建築、老屋、臨時性構築體、獨立書店以及史料整理，其性質雖看似分流，但精神卻彼此潛移默化。例如老屋修復強調長期觀察其建築量體與周遭地景，若將此概念延伸至小建築領域，即建築本身除了需滿足業主的日常機能需求之外，更要能夠呼應環境、與自然對話。

陸俊元說，「風、陽光和空氣的流動是每棟建築所必須具備的，但更重要的是設計者不需要把設計做滿，而是給予空間適度留白，讓使用者透過其他空間元素去感受、去對話，進而促使人的行為與自然衍生出不同可能。」因此他的作品常預留空地給屋主種樹、農耕，「在台東，有一半以上的小建築業主來自外地，我希望他們既然決定移居東台灣，就應該思考如何與這片土地和諧共存。」他將之形容成一場又一場的實驗，透過小建築讓地方斯人斯土間的關係更為緊密相依。

設計核心思考關鍵 4⁺

- 材 質 主 張
- 環 境 地 景
- 基 地 氣 候
- 人 文 群 落

材 質 主 張

環 境 地 景

找到建築與環境共融的方式

「龍田陳宅」的初期基地上已有80餘棵果樹，因此建築的座向
特別順應當時果樹的生長狀態，並設計大型露台與樹梢相對，
形塑與周遭田野和大自然的和諧關係。

創造廢墟活化與材質共構的可能

屋齡60年的建築遺構經改造活化後，穿插戶外與半戶外的虛體
空間，並植入自然元素，讓工作、生活空間與綠意融合，而3
樓也特以木構造結合鐵皮屋，嘗試材質共構的可能性。

基 地 氣 候

垂直動線貫串光線與氣流

「關山高宅」位處狹長型基地，因此通風採光成為設計過程中的重要課題，利用垂直動線與中段天井的安排，讓室內的光線與氣流連貫，打造適居空間。

應運氣候思考而生的機能空間

「龍田陳宅」的半開放式中庭除了考量通風與採光條件之外，也配合冬季強烈的東北季風，作為使用者生活休憩以及曝曬農作的半戶外空間。

人 文 群 落

反思老舊建築的存在價值

雨耕聯合設計團隊從2009年開始接觸
東台灣的文化資產保存,期許透過成果
的累積,讓老舊建築空間能有機會再次
被公眾解讀,並喚起社會對於其價值的
理解及重視。

文＿蔡婷如　建築設計暨圖片資料提供＿和光接物環境建築設計

16

蓋出徜徉在陽光與空氣中的房子

黃介二、鍾心怡

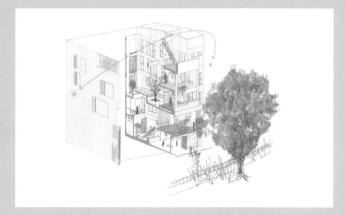

從「新竹杜宅」的手繪透視圖中可看到空間側邊讓出了一小塊作為天井，且每一層樓板逐步退讓，造就天光能夠灑入各個樓層。

和光接物環境建築設計（以下簡稱和光接物）的案子通常有個共通點：窗戶多、通風佳，因此屋子在白天往往不需開燈，日光自然徜徉角落之間，正如事務所的名稱「和光接物」，展現出主持建築師黃介二與鍾心怡夫妻倆對建築的期待。

建築過程中，每個角色都是重要的

曾在宜蘭黃聲遠建築師事務所＋田中央設計群工作 8 年的經驗，對於黃介二而言，與其說影響深遠，不如說更確定了心之所嚮。「那段時間我了解到一件事，就是把當下做好、把日子過好，不要擔心未來，因為路是會被走出來的。」因此即便 2012 年移居台南之初案源並不多，當被眾人問到怕不怕時，他也回答，「不怕。」

此外，黃介二也曾短暫任職建設公司，但很快就發現理念不合，因為集合住宅無法像自地自建的私宅一樣，去觀察風的方向、日光的角度、周邊環境，也無法深入了解居住者的生活習慣與喜好。反觀每棟私宅都是個別家庭對於未來生活的夢想，屋主與建築師之間不單只是合作關係，甚至可能像朋友。

因此和光接物從不把任何一件案子當作個人作品，對他們來說，建築空間的完成是集眾人之力的成果，廣納屋主的想法與期待，甚至也可能由工程團隊提供點子。其過程或許瑣碎，畢竟每個屋主的喜好皆不同，也常有突發狀況發生，導致難以估算完工時間，但這就是選擇自地自建必須承擔的風險，而成品也因此各具特色。

2018 年初剛完成的「新竹杜宅」便是如此，屋主希望能夠蓋一幢房子供親子同樂，並且有個小院子，讓狗在屋內外奔跑；室內則最好充滿天然採光，還能看見綠意。順應屋主的企盼，和光接物便按其需求量身訂製夢想居家。設計過程中，基地面寬雖僅 5 米 8，但在側邊依然還是退了 2 米置入天井，讓共 5 層樓高的建物因為讓出的空間而顯得採光極佳，每層樓也都有了專屬的小院子或陽台，使日光流瀉其中；加上屋外正好有棵樟樹，因此在設計上下樓動線時，特別在面向樟樹的立面規劃了大片窗，營造出於空間中遊走時總有綠意相隨的獨特情境。

放下自己，傾聽屋主需求

一路走來，和光接物總是以宏觀的態度看待建築，認為必須先放下自我、不執著於欲求的結果，方能看見基地的真實樣貌，包括風如何流動、陽光如何游移，或者又該如何與周遭環境共存，進而傾聽屋主的需求與期待。

關於材質應用，和光接物也總是以樸素、在地為優先，尤好保留建材原貌，不需多餘加工，例如「新竹杜宅」即採用抿石子作壁面，地坪也僅是鋪設超耐磨地板，並在空間中大量運用玻璃、鐵件等自然素材。他們深信，材料愈單純愈能體現空間樣貌，唯一要求是必須耐用，畢竟家是生活一輩子的地方。對於未來，和光接物沒有太多想法，對他們而言，只要繼續蓋出「住得舒服」的房子便是最重要的事。

設計核心 思考關鍵 4 +

- · · 生活機能
- · · 材質主張
- · · 環境地景
- · · 基地氣候

生活機能

材 質 主 張

建材原貌勾勒自然居家

「新竹杜宅」善用玻璃、鐵件、木頭等天然素材規劃空間，還原其本質樣貌，著重讓陽光、空氣充斥其中，仰賴質樸紋理展現單純的居家樣貌。

採光充足，空間生氣勃勃

愛迪生發明燈泡是為了照亮空間，北歐設計偏白的色調亦是為了彌補日照不足，足見光線對於人類的重要性。從事建築設計時，若能妥善規劃採光，便可讓整體空間顯得明亮通透，照耀一屋子活力。

環 境 地 景

綠意形塑動線上的風景

「新竹杜宅」的路旁正好有棵樟樹，
於是將上下樓的動線安排於此，並利
用大面窗引進迷人景致，使得居住者
在遊走不同樓層時能常有綠意相伴。
而3樓的小院子則種植了櫻花樹，成為
空間端景。

基 地 氣 候

迎接夏日南風

「新竹杜宅」特別在南面開了許多窗
戶，使得夏季吹起南風時，即使是酷
暑也會因通風良好而感到涼爽。小圓
窗戶則是為了屋主的孩童而設計，讓
他們可藉其窺探戶外，頗具童趣。

文＿李奕霆　建築設計暨圖片資料提供＿構築設計／聯合治作

17

林建華

治生活的器

學經歷

2001	國立臺灣大學日文學士
2009	東海大學建築碩士
2009	成立構築設計／聯合治作
2009～2017	大葉大學空間設計學系兼任講師
2014～2017	國立聯合大學建築系兼任講師
2017～迄今	中原大學室內設計系兼任講師
2018～迄今	大葉大學建築研究所兼任助理教授

得獎紀錄

2010	TID台灣室內設計大獎
2013	中國室內設計師黃金聯賽第二季優秀獎
2015～2016	「HOME 2025：想家計畫」參展團隊
2017	構宅青年──青年社會住宅全國空間設計競賽Final 5
2017	ADA亞洲設計獎銅獎
2018	TINTA台灣空間美學新秀設計師大賽新秀獎（團隊設計師蔡季蓉）
2018	華鼎獎中國10大原創設計機構

2009 年成立「構築設計／聯合治作」，隨即在隔年獲得 TID 台灣室內設計大獎單層住宅類與工作空間類的雙重肯定，林建華的小建築作品總散發著獨特的細膩感，如今歷經 10 年的創作累積，他仍持續致力於為台灣住宅設計找出新的可能。

從日文轉往建築，崎嶇蜿蜒的從業之路

出身木工家庭的林建華從小耳濡目染，逐漸培養出對於空間設計的興趣，然而最終還是在升學主義掛帥的社會氣氛底下進入了臺大日文系。期間他因缺乏學習動機導致對課業幾乎是半放棄狀態，直到在大三的戲劇公演課擔任舞台設計總監，負責佈景與道具製作，才真正意識到自己仍心繫空間設計，決心報考室內設計研究所。

林建華開始補習、找老師幫忙看圖，因而結識建築師葉嘉，並在他的鼓勵之下開始思索轉戰建築領域的可能。一次林建華到東海大學參觀，不料一進校園便深受吸引，實地走訪建築學系的工作室後更讓他大感驚豔，「裡頭很亂，模型廢材擺得到處都是，但可以感受到所有人都在燃燒自己的生命，花很多時間與自我對話，那是一種觸及靈魂的

三代共居宅「NIWA x niwa」嘗試
為家庭成員間建立起「有點黏又
不太黏」的互動關係，因此透過
生活內庭的置入，創造出能彼此
關照，又可保有個人隱私的居住
經驗。

感動，我當下就覺得我非來不可。」最後成功考取東海大學建築學系學士後建築碩士班。

在歷經 2 年憧憧懂懂的學習後，林建華遇到了思辯的撞牆期，遂利用交換學生的機會前往東京一年。期間他於建築師小嶋一浩與赤松佳珠子的事務所 CAt 實習，領悟何謂「空氣」（Kukki，人在環境中的空間感受或氛圍），影響後來他在從事設計時，總會先試圖建構「空氣」，探討空間之於使用者的感染力是否存在。

留日期間，林建華認識了當時於東京大學攻讀博士學位的謝宗哲老師，並協助譯介日本當代建築論述。他坦言現在回過頭來看，起初的日文之路並沒有白走，去年甚至在東京成立分公司，並創立品牌「治器」，除了延伸團隊設計創作的能量，也引進日本職人手作與傢具傢飾，甚至包含日系建材及設計、營造技術交流……等。另一方面，日文系的背景亦間接影響他的空間觀，如作家谷崎潤一郎的《陰翳禮讚》等著作，便針對尺度與光線等空間語彙的閱讀，在文學的滋養下有一番獨到的文化見解。

貼合社會脈動，不斷進化的建築實驗場

一共花了 6 年才取得建築碩士學位，林建華笑稱自己等於重念了一次大學，但仍十分珍惜這段經歷，「建築教育養成其實就是協調整合（coordination）能力的培養，學習以宏觀思維觀察事物的全貌，並廣納不同領域的知識，完整掌握材料、環境條件等各環節的因果關係。」

談及設計核心思考，他則形容自己十分「雜學」，舉凡動漫、電影、科技皆為可能的知識來源，「近來開始好奇，數位技術進步使得虛擬與真實生活的界線變得模糊，而網路社群關係的弱連結所衍生的群體意識，將會如何影響都市空間的狀態？」因此面對台灣小建築的未來，林建華認為環境與五感的新體驗勢必造就材料與構造再進化，進而打開建築師在平面配置及剖面思考上的自由度，形塑更多的有機體建築。

設計核心 思考關鍵 4 +

- ·· 構造工法
- ·· 生活機能
- ·· 材質主張
- ·· 基地氣候

構造
工法

生活機能

設計使生活處處驚喜

「House toward Sky鍾宅」以金屬魚骨梯取代傳統RC剪刀梯，創造如塔狀的社交活動場域，並圍塑出一座可席地而坐的圖書館。一旁部分牆面則為原始老屋的結構，將壁癌處理後重上防水與白漆，意外營造出全新表情。此外，1樓書牆緊鄰浴室，其隨時變化的光影效果也讓泡澡經驗多了一分豐富趣味。

不需刻意言語的良善互動

為了建立三代家庭成員能共享天倫，又可保有個人自由的彈性關係，「NIWA x niwa」特別在結構體規劃被起居空間圍繞的內庭。就水平向度而言，屋主夫婦可透過中庭關照家中的長輩與孩童，又不會產生壓迫的監視感；就垂直向度而言，亦可藉此連續性的空間序列在起居活動時自然交流，同時破除分層住宅的封閉性後回應與都市公共環境的連結。

材質主張

實用至上的設計巧思

「NIWA x niwa」的基地南向面對路沖，但同時又有優良的通風與採光條件，因此於本立面特別採用玻璃磚作為主要材質，使光線自然灑入，並有效隔絕室外噪音。另搭配溜滑梯為上下樓的過渡增添趣味，打造舒心的親子共讀場域。

基 地 氣 候

將自然元素廣納室內

「House toward Sky鍾宅」位處長近
30米、寬僅約3米95的狹長形街屋，
為解決室內過於陰暗悶熱的問題，特
別於屋頂增設兼具通風井功能的採光
罩，讓光線自然灑落，使得居住者可
透過如時針般的光影變幻感受一天時
序的演進，就連泡澡時也能一邊欣賞
頂上的藍天浮雲。

以機能格局連結新舊

「NIWA x niwa」的基地北向面對屋主
的舊宅（家中長輩大部分時間仍居於
此），因此在其連接處以餐廳串聯後
院，作為社交場域與接待之用，不僅能
增進家族成員間的互動交流，亦為新舊
建築打造出一條生活與情感的通道。

生 活 機 能

文＿高毓霙　攝影＿Amily　建築設計暨圖片資料提供＿無有建築

學經歷

2000	東海大學建築學士
2005	美國紐約哥倫比亞大學 建築碩士
2005～2009	美國紐約貝氏（貝聿銘） 建築師事務所建築師
2009～迄今	無有建築主持人
2009～迄今	東海大學建築學系 兼任助理教授

得獎紀錄

2012	台灣建築報導雜誌 挑選10位新生代建築師
2012	TID台灣室內設計大獎
2014	中國國際建築暨裝飾藝術博覽會 10大創新人物
2014	中國華鼎一等獎
2014	台北設計獎優選
2016	中國築巢獎金獎
2016	台灣老屋新生獎
2016	TID台灣室內設計大獎
2016	台灣金點獎金獎
2016	新加坡SIDA大獎金獎
2017	美國IDA國際設計獎
2017	德國紅點傳達設計獎
2018	TID台灣室內設計大獎金獎

18

劉冠宏
重啟人與自然的本質對話

曾任職於全球知名的貝聿銘建築師事務所，2009 年毅然回到台灣，劉冠宏以老子的「無有」為名，與好友共同創立跨領域整合設計公司，無論在小建築、集合住宅、室內設計還是跨界設計領域，其多元的觸角都成為豐富建築設計極具人文涵養，以及創造建築本質奧義的重要養分。一直以來，強調「自然自有秩序」的他，期許透過建築增進人與自然土地的關係，反映在其作品上，那些屏棄繁雜多餘裝飾的大片留白，深入拆解空間結構，還予設計本質與使用者的生活脈絡，皆為創造一種建築與自然相合的狀態。

跨域學習滋養，深化設計底蘊

劉冠宏憶及過去在美國貝聿銘建築師事務所工作的經歷，所涉略的業務項目十分多元，所以 33 歲回台初創公司時，對於任何形式的設計，舉凡建築、室內、傢具或是裝置藝術，他都持開放態度，盡力探索嘗試。從業多年下來，他愈發清晰自己對於建築設計情有獨鍾。過去那些跨領域的探索，最終都將回歸人性與生活需求的本質，而建築正是人與自然，以及與外在世界連結的重要媒介，除了具有基本擋風遮雨的功能之外，其

位處宜蘭郊區的「無有4號」，其內部坡道動線設計，先將「家」拉開還原為人與生活空間，再緩慢漸進地連接起來，圍繞著內部人造自然中庭重新組構。

重要之處與任何藝術無二，都是為啟發、充實生命，讓生命更加美好。他試著透過建築表達追本溯源後的自身信仰，以建築重現、喚起萬物關係的本源。

透過建築創造人與自然內在的連結

近 2～3 年，劉冠宏投注較多時間於中小型建築與住宅，他認為這類型的建築設計擁有許多彈性，可體現居住者、建築、空間以及周遭環境彼此互動對話，同時藉由調查研究梳理出環境紋理中隱藏的脈絡，作為設計養分與參照原點，並在納入居住者的使用需求後，反覆推敲辯證，除去過往記憶影響，提出能歷經長遠的修正版本，創造出對未來願景的新期待。

在劉冠宏的心目中，好的小建築設計必須以當下土地給予的感受進行創作，依循地理環境、空氣流動、人文氛圍、在地素材等元素，進而抓出與自然相合的建築樣貌，「建築空間設計的目的在於找尋人造物與自然之間的秩序，把秩序做好，美就會自然顯現。」他表示，唯有去掉「裝飾」與「形式」的慾望，才能讓建築最直接呈現感動，並展現空間的精神性，同時創建出人與自然最真切的連結。

從劉冠宏近期的作品中可看出，他常以坡道、樓梯等曲折的動線安排，讓居住者在空間中流轉，蜿蜒其中，品味自我與空間、與人、與自然環境之間的細微覺知與有機連結，進而體驗更美好的居住經驗與生活樣貌。

「一輩子若只做一件事，就全力把這件事做好。」劉冠宏說，在掏澄自己對於建築的追尋與論述核心後，未來 10 年也將依循著現在的步伐，繼續創作深刻的作品，並帶領民眾省思建築本質，感受台灣小建築所帶來的美好生活樣態。

設計核心
思考關鍵 4 +

- · · 基地氣候
- · · 構造工法
- · · 生活機能
- · · 環境地景

基地氣候

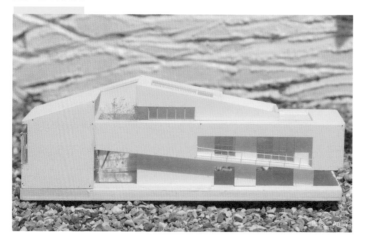

形隨機能的幾何量體

「山坡之家」以隱居山林但持續貢獻於社會的君子典型出發，統整屋主需求，沿著山坡地形放置4個長方量體，作為谷中四君子的隱喻，與土地間以嵌入、懸空、相接等方式呈現，高低錯層配置，其形體隨著環境條件與使用機能而有截然不同的詮釋。

多變構造順應氣候條件

位處宜蘭郊區的「無有4號」藉由複層形式，回應當地日曬、多雨及狂風等氣候條件，而其四方牆面的開放與封閉設計，則是對應基地旁的山景、水田及鄰舍。

生活機能

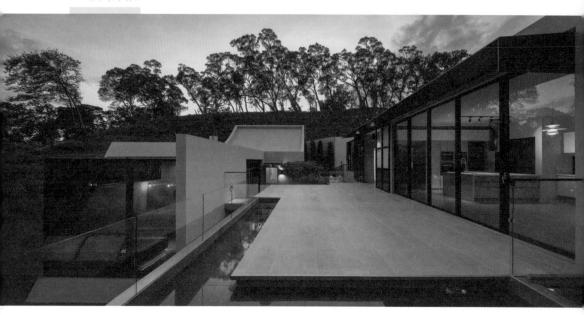

開放平台增進關係交流

「山坡之家」把住宅分拆為4個各自
獨立卻又彼此串聯的量體,並透過
「埕」的概念,以平台連接家庭成員
三代,形塑居住者與自然、與家人間
交流的場域。

迴圈設計下的有機連結

「無有3 號」為跨世代共居的具體實
踐,以連續性寬大坡道的迴圈設計包
圍串聯整棟建築,除解決屏東的烈日
及午後陣雨等困擾外,也打破樓層間
的分隔,讓不同家庭展開有機的連
結,生活與人成為建築立面的主角。

環 境 地 景

> 曲折動線
> 創造人與自然的細微體驗

劉冠宏常以坡道、樓梯等曲折的動線
安排，營造出人於建築內外與自然之
間的對話與交流。「山坡之家」即以
斜坡與樓梯2種不同方式轉折銜接建
物，讓自然的光、風、雨、空氣恣意
穿梭遊走其中，與居住者有更多深刻
交流。

文＿李奕霆　建築設計暨圖片資料提供＿里埕設計工坊

19

陳書毅

傳統合院演繹東方新住居

學經歷

2001	淡江大學建築學士
2003	淡江大學建築碩士
2003～2004	中冶環境造形顧問 有限公司建築設計師
2009	國立成功大學建築研究所 博士課程結業
2010	成立里埕設計工坊
2015～迄今	國立金門大學建築學系 助理教授級約聘教師

得獎紀錄

2014	ADA新銳建築獎
2014	金門縣低碳金門厝與社區 規劃競圖入選
2015	老屋欣力典範賞

　　懷抱著對於傳統聚落研究的熱情與初衷，陳書毅於 2005 年毅然決然移居金門，緊接著在歷經近 10 年的蹲點田野調查後，以「現代化下的合宜傳統」、「舊建築的修正性改造」以及「就地取材的節能設計」等 3 大方向打造修正式合院自宅——里院，並在 2014 年得到 ADA 新銳建築獎肯定，至今仍默默於離島彼岸實踐他未完的建築使命。

跳脫建築形式，凝望時空地景

　　歷經淡江大學建築學系、研究所洗禮的陳書毅，就學期間曾經手包括住宅與室內，以及公園、廣場甚至都市計畫等大大小小的設計案，逐漸培養出對於改善住居與公共環境的志向；尤其從實務走向學術，他逐漸體悟建築不應只為解決基本需求或以量取勝，而是必須深化其強度，具備反思當代、回望傳統、展望未來的前瞻思考，實質提升人們的生活品質與精神層次。畢業後，他進入中冶環境造形顧問有限公司任職，更激發他日後從事建築設計時，跳脫單體物件的限制，透過具時空想像的高瞻視野，思考未來周遭的地景將對建築產生什麼樣的考驗，以及使用者又該如何永續維護。

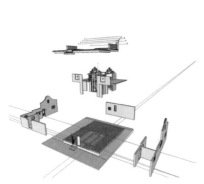

（左）針對傳統閩南式合院
採取「用後評估法」（Post-
Occupancy Evaluation），「里
院」從使用者經驗出發，遵循以
「適居與進步」為本的修正設
計，打造改良式現代合院建築。
（右）「太武山下居」以現代工
法與材質技術結合紅瓦石牆等傳
統閩南文化意象，演繹東方新住
居的獨特命題。

　　然而幾年下來，陳書毅深感自己的創作能力依舊不足，陷入撞牆的無限迴圈，於是
決定另尋出口、移居金門。其實在這之前，他與金門並非全然陌生，求學時便曾隨指導
教授參與當地的聚落研究與社區改造。他觀察當時在地兼具設計與研究的人才並不多，
西進「無人之境」或許值得孤注一擲。但他並不知道，這一離開便轉眼逾 10 年光景，
甚至落地生根，成為復興當地傳統聚落的重要文化推手之一。

聚焦金門，延續傳統住居價值

　　陳書毅總認為，建築人需具備對於史地的高度嗅覺，尤其對於地域性強的金門而
言，存在特殊的政治符碼，故其建築地景與歷史地理緊密相連。若要真正了解這塊土地，
勢必得擁有豐沛的史地觀，雙軌並行，從其背景轉折著手，一旦蹲點蹲得夠久，創作靈
感自然俯拾即是。

　　他有感於當代日本建築經常借喻日式傳統房子的空間樣態，但在台灣，甚至放眼
華人世界似乎都缺乏這股力道；繼前輩陳其寬完成東海大學校園內的實驗性建築，以
及漢寶德前瞻的中式空間轉譯思維後，便很少有人就此命題加以著墨與突破。他遂提
出「東方新住居」的概念，期許自己能擁有承先啟後的使命感，隨著經驗累積與時間
醞釀，從金門傳統民居出發，慢慢將影響力擴及整個閩南文化圈，引起當代社會的討
論與關注。

　　座落於金門珠山聚落的「里院」，正是陳書毅延續上述想法的具體實踐，透過打破
合院侷促的舊制格局，輔以現代材質與工法，創造前所未有的修正式建築。對他來說，
小建築獨具兼容並蓄的特質，即細微且寫意、實際而又富含詩意，如同瑞士鐘錶，利用
微小部件傳遞巨大能量。同時，他期盼透過作品，鼓勵金門人更看重發揚自宅文化精神
的重要性，再現東方住居的全新價值。

設計核心 思考關鍵 4+

- 人文群落
- 材質主張
- 環境地景
- 生活機能

人 文 群 落

材 質 主 張

創造人文地景的和諧

「里院」雖為修正式合院，但為求與傳統聚落中的合院建築群在視覺上達成平衡，其外觀設計諸如石牆、石門框等，皆仍沿用閩南傳統式樣，甚至保留原件，形塑兼具古典風華底蘊以及文化傳承意涵的迷人地景。

返璞歸真，造就環境永續

考量建築必須順應基地的原始天然條件、與環境共生，「里院」的建造大多就地取材，以在地的磚、石、土、木、瓦展現空間的有機，亦達節能減廢的現代訴求。

擁抱自然，與環境共存共榮

喜好與大自然親近是人類的天性，「太武山下居」便將基地座向與周圍的地貌景觀等天然條件納入設計考量，規劃大型露台面對眼前的五虎山以及更遠處的太武山風光，把崇山美景與綠意搬進生活之中。

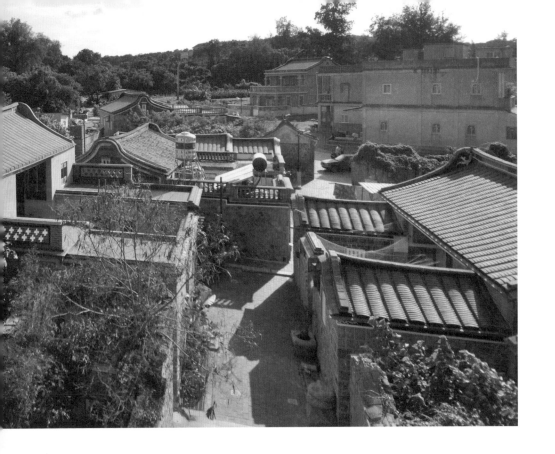

環 境 地 景

生活機能

符合現代需求的適性設計

傳統合院的格局規劃必須顧及宗族與生活，但由於陳書毅的家庭組成簡單，又無置入祖龕與神龕的需求，「里院」遂打破舊制格局，將生活面極大化，結合工作室與接待空間，並彈性調整原本狹窄侷促的閒置隔間，串聯室內動線，使其具可延伸性及可變動性，既延續合院凝聚家人情感的功能，亦利用開放式場域解決老聚落通風採光不佳、容易陰暗潮濕的問題。此外，原用於連結各隔間的外廊則利用天井的置入形成空間重心，其半開放式特性為日常生活展造就無限可能。

生 活 機 能

打破刻板印象的空間使用

在過去，傳統合院的半樓設計大多僅作儲物之用，缺乏機動性，因此「里院」特地將其改造為多功能空間，並配合適宜坐臥的空間高度，彈性作為起居、寢臥或接待使用。

文＿李奕霆　建築設計暨圖片資料提供＿董育綸建築師事務所

20

董育綸

為都市街角鑲上人文地景

學經歷

2001　國立成功大學建築學士
2005　國立成功大學建築碩士
2010　成立董育綸建築師事務所

得獎紀錄

2002　經濟部4C 數位創作競賽銀獎
2004　工研院金羿獎
2005　台南都會公園國際競圖佳作
2014　建築園冶獎
2016　ADA 新銳建築獎
2016　TRAA 台灣住宅建築獎入圍
2018　TRAA 台灣住宅建築獎佳作
2018　TID 台灣室內設計大獎

　　從就讀國立成功大學建築學系、研究所，一路到成立事務所，董育綸深耕台南逾 20 年光陰，2014 年更實現許多建築師的夢想，親手打造個人私宅「Street Canvas」，該作不僅榮獲 ADA 新銳建築獎與 TRAA 台灣住宅建築獎的肯定，還要外開啟同名創作計畫，企圖透過系列建築作品翻轉地方街區陳舊的印象，也間接喚起公眾對於建築與空間的感知。

打造適性設計，轉譯建築語彙

　　對於董育綸而言，面對公共建設、集合住宅甚至是樣品屋等任何尺度的建築設計其實沒有太大分別，會發展出截然不同的設計構思，是因預算、創作概念與使用者需求等面向的考量所致。然而，小建築最迷人之處在於營造與周遭環境的連結和對話，即便縮小到個人住宅的私密尺度，任何設計元素對都市來說依舊都是一種暗喻性語言。以決定立面是否開口或其高低位置為例，首要思考可能攸關基地的座向方位與通風對流的條件，但就環境心理學的觀點，這可能與居住者的隱私及所欲求的視野景色有關；之於室

作品「Street Canvas」透過於街角植入建築行為，喚起公眾對於都市空間的感知。然而考量四周為老舊街區，可能對住鄰造成干擾，因此保留適度開口，並利用留白立面讓鄰居的日常得以自在延續，無論是在陽台曬衣或純粹透透氣，都不會有任何壓迫感。

內，又會因造成光線灑落，進而影響人際關係生成，形塑家人間有趣的交流場域。

董育綸觀察，都市中大部分的開發都是商品，具備成本與均一性考量，針對居住者的日常需求只能盡力取中間值。小建築之所以盛行，正是人們看了太多中間值，但內心需要的其實是獨特性，因而激發對小建築的渴求。另一方面，隨著地價攀升，部分年輕人在都市無法獲得一定的生活品質而紛紛返鄉，蓋起專屬自己的房子。他認為，這似乎揭示了建築足以實際改變人們生活樣貌的可能。

街角創作計畫，活化地方印象

近年來，因看見台南自歷經都市化、升格，以及觀光議題帶動地方發展後所迎來的正向改變，董育綸遂有感而發，也想透過建築來提升在地的能見度，「Street Canvas」創作計畫於焉而生。最初選擇以座落街角的基地為計畫主軸，正是發現街角具多面向性的特質其實是最容易影響都市氛圍的關鍵，並藉其為圓心向四周宣告新生活主張。不過「Street Canvas」實為個人私宅，就使用行為上來看難免稍顯封閉，旁人實在無法親身入內參觀感受，因此「Street Canvas II」特別結合屬性開放的商空與辦公空間，和社區住民與外來訪客產生互動回饋，強化了建築在社會功能面向的影響力。

董育綸也期盼，未來小建築能夠回過頭來改變南台灣商業住宅設計的發展趨勢。例如台南以透天厝居多，房市競爭激烈，開發商總想方設法作出商品區隔，吸引消費者目光。這時，重視生活風格的小建築自然就成了重要的參考指標，為開發商帶來嶄新的設計構思，並隨時間累積，慢慢培養出常民對於空間美學加以著墨的思考核心，最後透過一幢幢別具特色的單棟住宅逐步改造都市地景。

董育綸說，投身小建築領域讓他能夠在商業設計之餘，還真正保有落實自我興趣的初衷，以及創作的彈性空間。縱使於創業階段難免仍以商業案為主，但終究會回歸心之所嚮，設計出具感染力的空間，並鼓舞人們反思建築存在的意義。正如他手邊那本寫滿待辦清單與未來目標的記事手帳，時時刻刻反問自己，「達成了沒有？做得夠不夠好？」挾著豐沛的新銳設計力不斷突破向前，締造一次又一次的精采里程。

設計核心 思考關鍵 3 +

- ·· 人文群落
- ·· 材質主張
- ·· 基地氣候

人文 群落

互動式設計豐富都市表情

「Street Canvas II」的2樓特別安排坐擁大片開窗的舞蹈教室面對主要幹道,在夜間自然形成一座舞台,亦展演舞蹈,亦展演建築,引發照來攘往的都市住民產生好奇與共鳴。

材 質 主 張

見微知著的室內觀點

「Street Canvas II」的室內全採回收鋼材，並以透明材質隔間取代實體牆面。一方面為顧及空間的連續性與流動性，模糊既有的格局分野；一方面也讓原本不大的空間更顯明亮通透，亦引入隨季節時序變幻的迷人光影。

基地
氣候

師法自然的設計語彙

滿足住宅的基本需求後,「Street Canvas II」利用光線等自然條件在固定化機能中增添創意巧思,例如透過室內特殊光影的捕捉整合制式設計,使其不無聊單調。

順應座向方位的建築思考

為配合「Street Canvas II」南北座向的基地,量體的東西向盡量不安排開窗,同時考量建物頂層容易高溫炎熱而設計了通風塔,身兼引光裝置,達到節能效果。

基 地 氣 候

文＿李奕霆　建築設計暨圖片資料提供＿寬和建築師事務所、無待

21

劉崇聖
以建築分點串聯空間思維

學經歷

2000	中原大學建築學士
2006	美國紐約哥倫比亞大學 建築與都市設計碩士
2010	成立寬和建築師事務所

得獎紀錄

2014	ADA新銳建築獎首獎
2014	行政院公共工程金質獎
2015	建築園冶獎
2016	台灣景觀大賞入圍
2016	TRAA台灣住宅建築獎入圍
2017	台灣建築獎佳作
2018	TRAA台灣住宅建築獎入圍

　　普立茲克建築獎得主日本建築師安藤忠雄，在擔任 2014 ADA 新銳建築獎決選評審時，認為該屆首獎得主劉崇聖的作品「徑。鹽埕埔」視野高瞻，並以「目光投向整體都市之外」形容之。始終對空間抱持敏銳覺察的劉崇聖，強調以解構歷史與環境脈絡為本的設計核心，透過小建築與公共工程雙軌並行，將建築的影響力拓及社會的點、線、面，替未來都市地景形塑更多不同可能。

跳脫框架，擁抱心之所嚮

　　若要談及奠定劉崇聖以建築為人生志向的契機，那就不得不提他曾師事知名建築師黃聲遠，以及遠赴美國紐約留學的重要經歷。甫從大學畢業的劉崇聖進入黃聲遠建築師事務所任職，跟隨團隊參與許多宜蘭在地公共建築的規劃設計。他開始思考，如何透過都市歷史的爬梳與地貌研究，完成創新的公共空間與環境改造，進而深耕地方、為廣大公眾服務。

　　而後他於 2005 年負笈美國，前往哥倫比亞大學攻讀建築與都市設計碩士。當時的

他不僅為紐約精采的人文底蘊與濃烈的生活感深深著迷，更在哥大尤重理論的學術環境之中，養成將創作與論述結合的習慣，在在使他反思建築之於環境，是否必須跳脫量體形式的限制，以更宏觀的視角看待其對應關係。例如小建築從來就不應被視為單體物件，勢必與周遭環境產生對話和互動。

時至今日，每當在面對各種不同類型及尺度的建築設計時，劉崇聖仍堅持從開闊的格局著手，探尋基地的發展脈絡。因為對他而言，設計雖具有某種強烈意識，但在概念上完全無以名狀，既不關乎形式，亦非物質，僅能仰賴經驗累積、不斷實驗與嘗試，逐步釐清自己心底欲傳達的想法意念，以及究竟想要藉建築之口訴說什麼樣的歷史定位。

閱讀地景，找出空間脈絡線索

劉崇聖提到，台灣的建築景觀相當多元，呈現有別於亞洲其他國家甚至整個華人世界的生活樣貌與紋理；表面上看來雖然略顯紛亂雜沓，但深究其中，其實與城市發展史上各時期的主政者擁有不同的都市計畫思維有關，不斷疊加的建築語彙卻也巧妙塑造現有的獨特況味。在如此特殊的環境裡創作，劉崇聖拋出了「修正與不修正」的討論，即藉空間行為重新連結過去、展望未來，為環境發展創造更多可能。小建築便是其中一個切入方向，藉由城市或鄉間散布的分點建築作全面性延伸，並隨長時間淬鍊，串起時空整體的線索脈絡。

然而，建築空間的外在美學形式對於劉崇聖而言，從來都不是設計階段的首要考量，而是田野調查後自然演繹出的成果展現；倘若悉心觀察他的小建築創作便能輕易窺其堂奧。

在劉崇聖的建築世界裡，存在著創作人堅持的論述核心，以及社會實踐者對深耕在地、服務大眾所懷抱的奉獻精神。期盼隨他的建築作品於台灣各個角落開枝散葉，能為未來地景創造嶄新的閱讀方式，成為島嶼上最堅定溫柔的守望。

設計核心思考關鍵 4⁺

- ·· 環 境 地 景
- ·· 生 活 機 能
- ·· 構 造 工 法
- ·· 基 地 氣 候

環境地景

照片提供＿無待

格局規劃順應地景而生

位在宜蘭壯圍的「無待」正好受山海、河川以及稻田環繞，因此透過空間設計，將外圍元素回歸建築，提供使用者最獨特的感官體驗。面對蘭陽溪的房間特別規劃水平視野，廣納最大尺度的河川景致；座落稻田側的房間則利用垂直線性安排，把室內一分為二、部分空間橫跨3層樓，令人彷彿行走於田埂之上，感受舒適愜意。

創造與大然和諧共處的空間關係

座落半山腰及蜿蜒舊河道的「礁溪跑跑」宛如避世居所，坐擁壯闊美景。其營建過程完全順應天然地理環境，以不影響當地樹木的生長狀況與原始地貌為最高原則。立面色彩則從基地環境中擷取元素，針對所處的河川下游流域，以色澤較深的主視覺呼應該區域常見的沙洲礫石景觀。

生 活 機 能

動線安排貼合使用者生活

「新舊祖堂間的家」為客家美濃傳統合院聚落群的總配置計畫，透過一座新家與祖堂的興建，重新思考宗族與農業生活場域的動線分配，包括各建物與路徑的位置、樹木種植，以及居住者的行走經驗等細節，勾勒出結合生活與信仰的軸線，凝鍊環境氛圍與家族向心力。

構造設計反映氣候條件

位處半山腰的「中寮劉宅」雖享有來自台地的涼風吹拂，但受限於基地面積狹窄，特別設計3個盒子狀量體，製造風的廊道，優化通風採光。此外，3個盒子各具臥室、梯間及公共區域等不同功能，讓居住者的生活空間利用更加靈活，同時飽覽3面環山美景。室內則選擇風格簡樸的軟裝陳設、清水模材質，以及手作木造傢具，營造建築裡外一致的愜意氛圍。

構 造 工 法

影像手法增添空間流動

以3座院子貫串的「徑。院子」如同電影分鏡，隨生活動線一路穿越擁有園藝景觀的前院、具展演功能的室內院，以及可遠眺崇山景致的半戶外後院，最後依循室內夾層與斜面屋頂的特殊結構設計，抵達位於建築頂層的3樓空間，享受開放式場域的連續性與流動性。

文＿陳婷芳　建築設計暨圖片資料提供＿翁廷楷建築師事務所

22 翁廷楷
連結家庭關係幸福感

學經歷

1999	國立台南藝術大學 建築藝術碩士
2006	公務人員高考及格
2008	建築師高考及格
2011	崑山科技大學空間設計系 兼任講師
2011～迄今	成立翁廷楷建築師事務所
2011～迄今	台灣教牧心理研究院博士班

得獎紀錄

2001	臺北美術獎初選入圍
2002	Co2台灣前衛文件獎入選
2003	高雄國際貨櫃藝術節 視覺藝術展入選
2003	世安美學獎
2003	威尼斯建築雙年展台灣館 參展徵選第二名
2017	國家建築金獎金獅獎
2017	國家建築金質獎首獎
2018	建築園冶獎
2018	TRAA台灣住宅建築獎入圍
2018	ADA新銳建築獎
2018	日本Good Design Award 優良設計獎入圍

　　從就讀台北工專時便進入建築業界，翁廷楷入行的時間非常久，一直到成立個人事務所前，亦曾任職於公部門，其資歷相當豐富且完整；他一共準備了13年才考上建築師，更有長達10年的時間致力於空間、裝置藝術展覽，具備極大的耐心與毅力，始終堅持在夢想的道路上。自2017年底開始，翁廷楷陸續獲得各大國內外建築設計獎項的肯定，展現他所擅長在人與人關係的建構上，為單棟住宅小建築創造更深層的心理意涵。

根基小建築的本質與情感歸宿

　　在翁廷楷的建築作品中，總能發現生活關係的主軸設定，以及哲學思辯與心理學剖析的交互作用。翁廷楷所承接的設計案多以小建築為主，他認為其難度高、挑戰多，雖然量體較小，但與其他大尺度建築所投入的時間及精力無異。對建築師而言，房子本身就代表了一段生命歷程，而該歷程正是家庭關係系統的一部分。建築師雖然從事建築設計，但從哲學的角度來看，不單只是提供居住的機能，更多的應該是居住者在空間中的使用狀態，就像陶杯透過手感形塑而成，其功能是為了裝水，同理在建築中應該要置入

澎湖對於台灣本島來說，屬海島中的海島，座落其上的「Enishi Resort Villa Project」即透過海島性格以及取材自當地的玄武岩石材紋理來表現其建築本質，於外觀上看來開朗，內心卻無比堅毅，藉由「內部的外景」為概念，利用其封閉性自成一格，並在各層樓板間以不規則狀的線性形態打造空間主體。

關係、想法、價值以及喜怒哀樂，才能彰顯出其形式。

　　依翁廷楷觀察，目前市場上期待要蓋自己的房子的業主並不在少數，尤其 30 ～ 40 歲者對家有高度的期待與夢想，不再只受限於傳統格局的居住形式，反而更強調貼近自我需求的主觀設定。

哲學與心理學共構建築意義

　　相較於建築設計領域偶有參展之作，翁廷楷有長達 10 年的時間在藝術展覽界大放異彩。在國立台南藝術大學攻讀碩士學位時，他大量選修造形藝術、音像紀錄……等課程，透過影像與哲學觀看、推論建築，「我把藝術展覽當作是建築的原創、哲學的思辨，從人們對於時空環境存在的辯證邏輯進入建築，讓我看見了空間形式所產生的不同狀態。」

　　後來，在台南市都市發展局任職的經驗，也讓翁廷楷對於住宅本質的核心思考有了更深層的體悟——住宅實際上為非常基本的生活日常，但其中卻隱含更多人與人之間的關懷以及一顆體貼的心。為此他還特地進修心理諮商會談技巧，認為美學是從心理學延伸而出的脈絡，如此一來才能使建築空間更貼合使用者需求。

　　近來，翁廷楷的小建築案屢受各界關注，彷彿正預告了他韜光養晦多年後的無窮爆發力。他期許自己能持續創作出具有溫度的房子，而非僅受限於某種形式主義，與其虛構一些欲挑戰的目標，不如問問自己是否準備好了。「當我 60 歲的時候，我仍會思考著如何去定義小建築，並檢視自己能做到什麼樣的狀態。」對於翁廷楷而言，時間就是賦予他盡情發揮的舞台，在作品裡持續不斷地累積與前進。

構造
工法

設計核心思考關鍵 3 ⁺

- ·· 構造工法
- ·· 基地氣候
- ·· 材質主張

破解座向缺失

遠眺安平港的面海景觀宅「DOUBLE U」採用框景來回應瞭望感，同時利用格柵牆來減緩西曬的影響，並保留一道側向中庭，讓海風得以進入長型街屋的最深處，也使日照不會直射室內。此外，頂樓露台運用玻璃天井廣納充足採光。

空中閣樓兼顧坪效與休憩空間

為解決屋頂漏水的問題，加上考量家中孩童成長，4.5層樓高的透天厝「空中花園」設置了鋼構空中閣樓，且前後皆有露台作為休憩空間。建物四周則保留60公分間距，輔以鏤空樓梯設計，給予自然風流動，即使沒裝設冷氣空調，室溫仍十分涼爽。

結構安全優先

「台南市南區葉宅——信仰之家」為老屋改造案，其新舊建築在構造的整合上，採取RC鋼筋混凝土、加強磚造、SC鋼骨造等3種工法，增加夾層設計，並因應結構的不同，為防範地震而留下適度碰撞距離，同時在新舊建築之間圍塑出三角形中庭，創造良好的通風條件。

基地氣候

材 質 主 張

為空間開啟對話

「文之賢」的西側面特別留設垂直性格柵中庭，並利用天橋走道形成類似小聚落的串聯，營造開放式空間。其基地雖存在西曬問題，但因隔壁有建物及玻璃中介隔絕，僅讓微光隱隱穿透室內，兼具開放及隱私。

多重材質對應空間整合

「育德詩篇」的基地位於角地，面西向及南向，坐擁良好的觀景帶。這幢兩戶併一戶的住宅，考量其量體較大，具有較多空間發揮材質的表現，因此在基座石材便揉合了印度黑花崗岩、黑金砂大理岩，以及亮面、霧面、無紋路、不規則面等紋理質地，並運用5種磁磚貼法，襯托出住宅的大器。

文＿施文珍　建築設計暨圖片資料提供＿合風蒼飛設計＋張育睿建築師事務所

23

為建築注入人文關懷

張育睿

學經歷

2003　中國文化大學建築學士
2006　東海大學建築碩士
2011　成立合風蒼飛設計工作室
2017　成立張育睿建築師事務所

得獎紀錄

2015　當代空間設計大獎入圍
2015　亞洲設計獎入圍
2015　WO Desingn百大人氣設計師
2016　金點設計獎
2017　TID台灣室內設計大獎
2017　美國IDA國際設計大獎銅獎
2017　德國iF Design Award
2017　義大利A' Design Award銀獎、
　　　年度設計師
2018　金點設計獎
2018　義大利A' Design Award金獎
2018　日本Good Design Award
　　　優良設計獎年度大賞

張育睿取得建築師執照、成立個人事務所的時間甚晚，可謂名符其實的「新銳建築師」，但事實上他早在2011年便與朋友籌組工作室，參與各式大大小小的建築設計案，然而談及與建築的不解之緣，則要從小時候那個愛畫畫的他開始說起。

啟蒙恩師帶來的巨大影響

「我從小喜歡畫畫……」張育睿侃侃而談，自己在升上大學之際選擇了「以為」與畫畫有關的建築系，然而實際接觸後才發現與想像有落差，光是懷有創意及才華不見得吃香。張育睿坦然說道，「原本愛畫畫的自己曾一度消失，直到遇見了啟蒙老師才終於拾回。」

張育睿透露，他的啟蒙老師共有兩位，畢業設計指導教授溫榮彬便是其一。「我的想法太天馬行空，溫教授則教會我用各式資料輔助創意，對我未來從事設計有很大的影響。」得到指點後，分數每每低空飛過及格邊緣的張育睿也意外成了大黑馬，以優異成績畢業，讓他得以進入東海大學繼續攻讀碩士學位。

此案名為「東海侘寂之境」，日文中的「侘寂」（Wabi-Sabi）意謂「去除掉多餘，但不抽離詩性；保持純淨，但不剝奪生命力。」原本該砍掉重練的舊房子，在經反覆推敲實驗下，有了新的延續。

　　研究所指導教授關華山則是他的第二位啟蒙老師。「關老師的提點，讓我發現建築不單只是畫圖、蓋房子，還涵蓋了更多人文關懷。」耳濡目染之下，張育睿的建築之路也全面進化，重新把焦點放在人類學、環境行為、社區營造、都市計畫等議題上。他認為，大部分的建築師只重視才華創意的展現，在造型、材料上求新求變，但其實建築師需要有深厚的人文關懷，其觸角不應只限制在構造與材質，反而應以人為圓心，漣漪般層層擴大至家園、社會與國家。當時，張育睿的研究主題是遊民與都市空間，透過遊民的視角檢視都市規劃對於人的完備性，實踐建築之下的社會關懷。

鋼筋水泥之下的人文關懷

　　比起一般建築師傾向從零到有打造「原創性」建築，張育睿反而喜歡為老屋加工。他表示，台灣的老房子多半狹長，不僅通風差也缺乏光線，但歲月刻蝕的痕跡卻有著無可取代的韻味，在新舊撞擊之下，更能創造帶有人文質感的生活領地。

　　即便執業生涯不算長，張育睿卻很清楚自己的使命，「記得剛出社會的那幾年房市繁盛，建築講求速成的同時，往往少了對於土地的思考，每棟房子在大量複製下都變得類似。」他便以此為戒，一肩扛起身為建築師應背負的社會責任，針對環境與居住需求，創造有益於社會、都市的建築。

　　也因這份堅持，正值事業起步階段的張育睿反而放慢腳步，「我喜歡在建築中多元嘗試，再從各種實驗中堆疊經驗。」秉持著這樣的實驗之心，他的事務所並不急著接大型建案，反而歡迎單棟住宅小建築或老屋新生等案件。他重視從經驗中得到啟發，並藉作品重新連結鄰里、融入台灣民居，即便個人力量微薄，但深諳只要能起一個頭，便不怕沒有影響力。

設計核心思考關鍵 4+

·· 材 質 主 張
·· 環 境 地 景
·· 人 文 群 落
·· 構 造 工 法

材 質 主 張

綠樹打造室內微氣候

面對惡化的氣候環境，張育睿認為，要住得舒服不該全然依靠設備，而是應從自然中找尋適於人居的方法，例如利用木料、鐵件等天然建材，或是以闊葉綠色植栽調節室內環境。

街角為社區注入暖意

位在彰化街角的「Corner 60's」保留了老屋斑駁的磚牆、鐵窗花與磨石子。另考量早期家人與鄰居密切的互動關係，刻意弱化了門窗的隔閡，讓傍晚時分柔和明亮的燈光從內溢出，為街角創造最溫暖的風景。

環 境 地 景

人文群落

打破空間隔閡串聯情感

為重拾街坊巷弄熱絡的鄰里情感，
「Corner 60's」以兩座長凳串聯室內
外，詮釋鄉間屋房「歡迎入內」的人
情味，也還原早期人們在廊道乘涼、
與鄰人喝茶談天的場景。而室內長凳
上的一株綠樹不僅描繪出倚樹下棋的
情境，實則讓室內具有隱蔽效果。

以懸浮鋼筋打造空中格局

「Corner 60's」挑高空間中留下的老
屋夾層，總給室內一分擁擠與壓迫，
遂在夾層地板、天花支架埋入鋼筋，
並去除多餘牆面，盡可能讓立面線條
輕量化，彷若透視的空間也呈現出有
趣的飄浮感。

構造
工法

文＿李佳芳　建築設計暨圖片資料提供＿哈塔阿沃建築設計事務所

24
在夢幻尺度找到新的自在關係
羅曜辰

學經歷

2001	中原大學室內設計學士
2006	東海大學建築碩士
2007	behet bondzio lin architekten 林友寒建築師事務所
2011	成立哈塔阿沃建築設計事務所

得獎紀錄

2016	ADA 新銳建築獎
2017	AAP 美國建築獎

走進哈塔阿沃建築設計事務所，一件又一件的手作模型堆積著，建築的思想從雛形、誕生到完成，以極為實體的方式標示出歷程。在數位演算的年代，實體模型對1970 年後的新生代建築師羅曜辰來說，是否顯得有些老派傳統？對此，他不以為意，笑了笑說，「唸建築時我完全不做模型，但開業之後，我卻成了最愛做模型的建築師，因為模型更能夠連接心與手的設計思考。」

從紙上出發的建築夢

畢業於東海大學建築研究所的羅曜辰，曾經以為自己會成為畫家，問建築是否為他一生的志業，答案從來沒肯定過。求學時期，當別人做模型、做設計時，他卻是用沾水筆在 A4 紙上描繪建築，就像他深深著迷的美國建築家 John Hejduk 一樣，打破現代主義形隨機能導向的設計法，以極為隱喻的繪圖，融合心理學、神話與宗教，讓小建築去講述地方故事。

受 John Hejduk 啟發，羅曜辰在學習階段運用了這套創作手法。「繪畫的自由無拘

入圍2016 ADA 新銳建築獎決選的「合院之家」順應地貌而生，其空間的幾何堆疊呼應了基地的L形轉折，外觀亦呈現與周遭紅土丘陵一樣的赤色。

無束可以彌補建築訓練中理性邏輯的限制，兩者之間並行無礙，最後都會回到同樣的起點。」不過到頭來還是建築的空間世界比較迷人，羅曜辰畢業後沒跑去當畫家，反倒加入 behet bondzio lin architekten 林友寒建築師事務所，並在歷經台灣、德國等地輾轉磨鍊 3 年後，才覺得準備好獨立面對自己想創作的建築。「他（林友寒）讓我知道自由的背後，有個更深層的邏輯與隱藏的秩序。我必須用清晰的理性才能顯現隱藏在背後的感性。」

不論在室內或建築設計領域，羅曜辰擅長以「否定法」排除不必要的元素，以接近他心目中的理想設計。對他而言，太過潮流或者只是單純的美，都不是他所想要的。「我除了想像建築『可能是什麼』之外，更常去問它『不應該變成什麼』。」但他也表示，這往往得花費大量時間推敲構思，反覆琢磨建築與土地、環境以及人之間的關係。

小是一種夢幻的尺度

要在不到 30 坪的土地創作，羅曜辰表示，最大的挑戰是「彼此的關係」。「這不僅在構造的接合要精準，更要思考混凝土以外的可能性，諸如鋼構、木構等工法都是選項的一環。」以老屋增建或改建案為例，他利用小建築找到新舊關係的另種可能，而他也認為在畸零基地裡施工，應設法找出低環境衝擊的工法，如「風月之屋」便捨棄鋼筋混凝土，改以半預鑄式鋼構完成。

「『小』是一種高密度狀態，『小』較不會破壞環境，『小』可以形成一種隱蔽；也因為夠小，雜訊更少，能夠更純粹地傳遞建築的中心思想。」羅曜辰說，小建築就像是大建築的「原型」，可被放大，展現在不同尺度中所增顯的力道。面對建築的獨立性以及與環境的關聯，他透過小建築的練習，找到彼此相互尊重的平衡點，使居住者在緊湊的都市環境裡，找到新的自在關係。

設計核心
思考關鍵 3 +

- 構造工法
- 基地氣候
- 環境地景

構造工法

大面採光為居家形塑藝廊空間

大片落地窗引入光線，為室內陳設的藝術品打上柔和的自然光，同時規劃了留白牆面，襯托藝術品本身鮮明的色彩。

特殊構造克服營建限制

複層木造建築「風月之屋」依附百年合院老厝，順應剩餘畸零地而生，以3個獨立盒子容納餐廳、廚房與主臥室，並透過由雙曲面紅銅金屬板打造的曲樑鋼構屋頂連結，藉室內外交織的動線呼應傳統合院的生活行為，讓新舊建築彼此呼應。量體則以金屬曲面處理轉折，高處的圓弧空間為仿傳統看台的半戶外露台。其中，以鋼構模擬木造的特殊工法，是為了因應法規與施工限制而採行的彈性選擇。

基地 地
氣候 候

基地色彩賦予創作靈感

呼應「合院之家」四周的赤色丘陵景觀，其外牆特別以磚紅色礦物塗料處理，使量體看起來如同自土壤拔地而起。

向自然借鏡的設計語彙

隱藏於密林之中的「野丘之家」，其大斜面屋頂從量體的最高點拉至最低點，將建築化為一座小山，彷彿能與居住者親暱碰觸。其如洞穴般的室內空間，亦給人寧靜包覆的舒適氛圍。

環 境 地 景

隱晦設計體貼使用者需求

因應多雨氣候，「合院之家」設計了退縮雨批與斜角屋簷為行人提供遮蔽。2樓西曬面亦規劃雨遮，可阻擋陽光直曬屋內。

文＿詹雅婷　建築設計暨圖片資料提供＿都市山葵／方瑋建築師事務所

25
方瑋
以想像構築生活可能的形狀

學經歷

2002	中國文化大學景觀學士
2008	東海大學建築碩士
2009	日本藤本壯介建築設計事務所修業
2010	石昭永建築事務所
2011～2015	逢甲大學、國立成功大學、東海大學建築學系畢業設計教師
2012	成立都市山葵建築設計工作室
2017	成立方瑋建築師事務所

得獎紀錄

2014	台灣本事Best 100最佳建築及空間設計規劃
2014	ADA新銳建築獎
2018	TRAA台灣住宅建築獎佳作

畢業自東海大學建築研究所的方瑋，曾短暫赴日，於藤本壯介建築設計事務所修業，其建築思維深受影響，經常反思空間本質。出自他手的單棟住宅「層之家」曾在2014、2018年分別獲得 ADA 新銳建築獎與 TRAA 台灣住宅建築獎的肯定，翻轉一般人對於台南透天厝的想像，開啟充滿想像與多元可能的生活態樣。

不停追尋空間經驗的新可能

「希望所創作的建築，能讓人感受到如『山葵』般質感獨特而充滿餘韻的體驗。」這是方瑋對公司命名的註解。他勇於突破小建築的既定框架，從形體到格局規劃，展現出每個「家」與眾不同的日常光景與居住形貌。他認為，小建築與居住者的生活方式、在地文化及環境息息相關，有著互為因果的親密關係。而在設計思考階段，則通常從兩個方向切入：一是基地條件與周遭環境，二是以不同的視角探究、想像居住者未來生活的可能性與趣味性，藉由兩方反覆思索，形構出可同時回應兩者的建築。

方瑋坦言，與日本建築師藤本壯介短暫共事的經驗，給了他極大的思想衝擊，「有

考量基地與既有建物的條件，「層之家」重組建築外部與內部空間，增建格局配置與立面的同時，開啟更多與周圍環境中光、風、景的交互作用，建立人、空間與自然元素間的親密連結。

沒有一種新的可能性？」成為每次設計過程中，不斷自我答辯的命題。他尤其重視「空間經驗的可能性」，舉例來說，住在格局方正的房子或是帳篷，所感受到的空間經驗迥異，包括眼見的水平垂直線條與弧角曲線，以及觸摸材質時體驗到的軟硬質地；房子內外界線明確，帳篷則會隨風動等自然力影響改變形體。他總是思考著，人們會想要居住在哪個空間裡呢？在這看似二元的選項之間，是否有其他介於中間的可能？又或者有其他更佳選擇？對他來說，身為一位建築人，不單單只是按照委託者的需求設計，而是要發揮專業，提出新的思考方向與生活提案，進而賦予其具體樣貌。

以小建築訴說台灣獨有生活

台南出生、台北長大的方瑋，回到台南執業至今，承接台灣各地的設計案，對於近年興起的小建築風潮也有所體悟。他認為，個人主義的興起，使小建築愈來愈受重視。過往，家僅是能遮風避雨、滿足居住最基本需求的空間，隨著時代推演、社會結構改變，家也開始有了不同的定義、樣貌及組成方式——有一個人的家、頂客族的家，甚至是三五好友同住的家。各種觀點下衍生出不一樣的生活方式、個別需求，居住者更在意房子的形式與樣貌；從前的「需要」變成了現在的「想望」，這的確使得小建築的需求增加，然而必須深化與落實人們對於生活的思考及想像，台灣小建築才會有更豐富多元的發展。

被問及好的小建築須具備什麼條件？方瑋表示，家是極具個人觀點的具像化空間，應充滿想像而無標準答案，唯一的原則是得擺脫大量製造的商品式形貌，真實地反映居住者對於生活的態度。未來，他將繼續以開放且好奇的心觀察世界，保持思想的彈性，安靜地在心中積累更多靈感，創作出充滿有趣面貌的小建築，展現屬於台灣的生活感，訴說獨特的文化故事。

設計核心 思考關鍵 3⁺

基地氣候
生活機能
材質主張

生活機能

提煉不同時序的光線

「層之家」雖有西曬問題，卻也擁有綠意景觀，因此將面西的黑色立面作為最大開窗面。此外，亦考量太陽照射的強弱與角度，特意配合居住者的生活作息與對日光的需求，為開窗設計深淺度，並巧妙安排浴室、曬衣間等彈性空間的位置。

方圓之內的同住計畫

「又遠又近」狹小的基地上，規劃各具特性且大小略為不同的4棟住宅，在方圓之間轉換漸變的建築形態內預設了不規則的內部格局，於流動式的生活空間，展開虛實之間的遠近交會與串聯，回應現代人渴望相互依存又各自保有獨立性的生活本質。

空氣與風的自由暢道

「層之家」改變1樓樓梯的位置後，串聯各樓層的階梯與閣樓頂部的通氣孔，帶來煙囪效應，形成自然排風系統讓熱氣排出，產生良好的內部空間對流。對外窗及內部開口的設計，亦帶來絕佳的通風效果。

多層次的環遊動線

「層之家」不以制式的牆壁作為空間規劃的疆界，而是透過
不同形式與材質的變化，勾勒出虛線般的區域分野。2～4樓
透過陽台與室內空間的重組配比，創造內外穿梭自如的悠遊
動線，堆疊出富有層次感的生活況味。

材質
主張

26

王曉奎
以建築描繪和諧環境地景

學經歷

1992　中國文化大學建築學士
2012　成立王曉奎建築師事務所

得獎紀錄

2013　TID台灣室內設計大獎入圍
2015　TID台灣室內設計大獎
2018　TRAA台灣住宅建築獎入圍

　　有人曾說，若建築師的創意少一點，整體都市環境將會顯得更和諧一些。然而在台灣，部分人僅一味追求獨樹一格，抱持著房子能夠成為顯著地標的想法與期待進行設計，現今的城市景觀才變得如此紛亂雜沓。王曉奎認為，地標的角色應由都市中重要的公共建築扮演，而多數住宅則為形成與之相襯的背景而生。

以簡單適性為本的小建築設計

　　「其實建築就跟人一樣有不同的個性，有的孤獨封閉，以高牆與外界隔絕：有的友善開放，運用大面開窗正向鄰里巷弄。」王曉奎表示，城市地景之中固然存在許多不同形式的建築，而台灣的住宅建築多與鄰棟緊密排列，勢必得試圖營造和諧共存的連結。然而賦予其生命及樣貌正是建築師的職責所在，因此他特別強調，「小建築的創意展現不在外形，而在打造生活的不同可能性，重點是與環境之間的關係，以及之於整體都市所展現的社會公共性，簡單適性即可。」

　　此外，因應現代人生活習慣與社會結構發展的不同，住宅的樣態亦有所轉變。王曉

「高腳屋」位處山坡地形，坐擁山林美景環繞，為減少對環境的傷害及影響，其主建築體採取架高的構築形式輕觸土地，以不改變原始地貌景觀為首要設計原則。

奎認為，設計者應重新定義建築空間，使其符合多元化的居住方式，才是小建築設計的關鍵。與此同時，他也坦言建築師個人的人格特質、美學養成、喜好、價值觀判斷、生長環境……等，或多或少都會影響住宅最終成品的呈現；他相當推崇台灣資深建築師葉熾仁、葡萄牙建築師 Álvaro Siza、美國建築師 Rudolph M. Schindlerl，以及澳洲建築師 Glenn Murcutt 等人的作品，對他來說皆是很好的學習對象，進而影響其設計思維與態度。

　　進一步剖析王曉奎對於小建築的創作觀點，可發現其設計規劃僅受限於兩者，一是大自然因素，諸如基地環境的地貌以及風向、日照等氣候條件皆須納入考量，再來則是人為因素，如法規、工法與材料等問題，因此他的作品總散發著無拘無束的自由度與彈性，從不被特定風格定義，大展既有現實框架以外的無窮設計力。

與業主共同打造未來居家生活

　　王曉奎說，相較於集合住宅與公共建築，小建築因尺度、量體較小，必須於設計規劃階段便針對整體作全面性考量，達穠纖合度。但業主對於其成果的接受度有多少，往往才是造就小建築是否成功的關鍵。以預算而言，小建築實際上蘊含了某種程度的實驗與創新，然而反覆嘗試的過程必然需耗費金錢成本，並非能以一般費用承付；另一方面，以客觀條件看來，小建築雖由建築師負責設計規劃、營造商負責執行施工，但回過頭審視，品味與理想的業主實際上在三方關係中扮演了重要的角色，影響甚遠。

　　對於台灣小建築未來的期許，王曉奎企盼居住者能夠對於自身生活的機能需求有更多理解，進而從日常觀點出發，而非以商業考量凌駕設計核心思考，與建築師合力發掘現代住居更多不同的可能性。

設計核心
思考關鍵 4 +

- ·· 環境地景
- ·· 構造工法
- ·· 材質主張
- ·· 基地氣候

廣納四周綠意景觀

「雲林張宅」運用大面開窗以及中庭廊道設計，使基地周圍的自然美景盡收眼底，為居住者創造出房子內各個空間皆有綠意相伴的恬靜生活。

環境地景

構造
工法

大展極致工藝美學

考量於山坡地施工的難易程度,「高腳屋」採用鋼構乾式工法取代混凝土的使用,並結合木工與鐵工共同施作,不論在構造、材料或細節處理皆須經精準計算才得以完成,實屬設計規劃與營造上的一大挑戰。

滿溢室內外的自然光線

「高腳屋」一共設置了7+3扇可移動式門片,將自然光大量引入室內。當門片全數敞開時,模糊了室內外空間的界線,形塑開放式場域,不僅廣納戶外美景,和煦光線更流淌於每一個角落。

材 質
主 張

多元材質演繹剛柔

「高腳屋」以鋼構量體揉合木屋瓦、柚木門窗增添溫潤質感,並透過不鏽鋼網及細緻欄杆展現當代工藝美學,詮釋出剛柔並濟的紋理質地。

文＿李奕霆　建築設計暨圖片資料提供＿境衍設計事務所

27
林柏陽
找出私宅連結公共的可能

學經歷

2005	逢甲大學建築學士
2007	國立交通大學建築碩士
2011〜2014	逢甲大學建築系兼任講師
2012	成立境衍設計事務所
2013〜2017	國立台灣科技大學建築系 兼任助理教授

得獎紀錄

2014	ADA 新銳建築獎
2017	加拿大AZ Awards 入圍
2017	香港建築學會 兩岸四地建築設計大獎
2017	新竹市三民國小校舍 重建設計工程競圖首獎
2018	新竹市三民國小幼兒園 新建設計工程競圖首獎
2018	TRAA 台灣住宅建築獎首獎
2018	ADA 新銳建築獎

　　2018 年 3 月，TRAA 台灣住宅建築獎公布年度新科得主，由林柏陽所帶領的境衍設計事務所團隊摘下桂冠，以作品「進之宅」獲得單棟住宅類首獎肯定；同年 8 月，該作亦入圍第 4 屆 ADA 新銳建築獎。事實上，這已不是林柏陽團隊第一件備受各界矚目的小建築作品，他於 2014 年便曾憑「山邑家」闖進 ADA 新銳建築獎決選，令時任評審日本建築師安藤忠雄表示，「該作不僅參考小琉球獨特的建築樣式、學習當地善待環境的工法技術，更可被視為對於居住行為再思考的概念計畫。」替林柏陽團隊的創作理念下了歸納性註解。

連結公共，發揚小建築的社會思維

　　自專科、大學、研究所一路主修建築的林柏陽，當時在學校所碰觸的討論多為公眾性議題，但爾後於創業階段，事務所的主要案源都還是以私人案居多，這也誘發他對於小建築設計產生了全新的創作觀點，「是否能讓住宅在關起門後仍持續對社會發揮影響力？」然而林柏陽坦言，這在實務上其實既困難又矛盾，畢竟住宅勢必得保有基本隱私。

「山邑家」高低錯落的量體各自擁有不同斜度的屋頂，與四周平房形成和諧地景，其立面採用不同向度與尺寸的開口設計，不僅強化通風採光，也將戶外的優美海景搬進室內。

但他始終不願放棄利用空間去影響人甚至整體社會的初衷，進而提出透過私宅外開放空間的留設，串聯與鄰里之間的關係互動。

對林柏陽而言，小建築的另一項社會功能在於影響常民對於居家生活的想像。他認為，小建築雖然僅是簡單的機能空間，卻能夠有意識地反映出居住者與環境對應的關係。他期許藉由作品鼓勵人們反思住宅形式並不是只有慣常的 3 房 2 廳或者透天厝，居家場域也絕非僅止於配合每日作息休憩的場所。小建築為使用者形塑了一個量身訂製的空間，既符合日常機能需求，亦回過頭來影響居住行為甚至基地周遭的地景。其外觀風貌之所以各具特色，正是因為每一棟小建築皆在為居住者或土地發聲，存在不同的使命及訴求，諸如傳達歷史涵構、促進人際關係間的對話，以及呼應當代社會現象……等。

見微知著，生活經驗累積敏銳觀察

工作之餘，林柏陽喜好透過電影與海外遊歷來汲取創作的養分。他表示，電影其實非常具有空間性，利用劇本建構了另一個平行世界，促使他時常經由影像來理解建築的層次及空間序列；而建築師的角色也和導演一樣，必須整合作品中的各個環節，呈現出獨一無二的敘事邏輯。旅行則讓他有機會以跨文化觀點省思公共空間、居住行為，甚或住宅的構築方法。

林柏陽從電影與旅行培養的敏銳覺察，直接反映在他於小建築創作時所展現的細膩態度。他強調，小建築必須從機能需求出發，事前與業主的耐心溝通及線索觀察顯得尤其重要，例如家庭成員的身高、原生環境，或者對於吃飯、閱讀等習慣是否有特殊要求……等；針對基地條件的考察亦然，仰賴細心的田野調查，將其優勢放到最大。

談及未來，林柏陽企盼能夠藉由與自我創作不斷辯證的過程，逐步找出台式建築美學的發展脈絡，唯有從在地出發的精神傳承，才能使文化地景得以永續，迎向台灣小建築的下一個精采篇章。

設計核心思考關鍵 4 +

- ⋯ 材質主張
- ⋯ 人文群落
- ⋯ 基地氣候
- ⋯ 生活機能

材質主張

感性空間隱藏理性秩序

「進之宅」以寺院「三進」的空間序列發展，呈現從玄關、中庭，一路到後院的流暢動線。透過於建築中央置入一株綠樹，讓整體空間配置皆圍繞在以樹為中心的同心圓軸線上，意即任一面牆的位置一旦改變，另一道牆也要跟著移動，彷彿空間中的所有元素都存在著理性辯證，以及隱藏的秩序。

回歸材料本質的多變紋理

考量業主對於大地色系的偏好，「進之宅」選擇以水泥作為建築主要結構，但其表面特意不加裝飾材，而是透過水泥本身具粗糙面、細緻面與光滑面的天然質地作出最純粹的呈現，成就多元的細膩度。

基 地
氣 候

自由線條勾勒豐富表情

「進之宅」的室內動線由於沒有傳統3房2廳的格局限制，刻意安排許多圓弧形轉折取代直角，不僅讓居住者於行走之間產生情緒與生活情境的起伏，更藉由線條的無限延伸，串聯出一個具無限可能的大千世界。玻璃材質曲面則取其穿透性，讓視野直達中庭，甚至是牆外的農田景觀。

設計巧思打破制式格局

「進之宅」的臥房與後院之間以大面落地玻璃相隔，為原本不大的寢臥空間創造明亮通透的視覺感受。後院牆面上的孔洞則考量私密性需求，其開口位置並不會讓外人輕易窺探，同時製造特殊的光影效果。此外，室內空間沒有任何一道門齊平牆的高度，製造「移動的牆」的錯覺，造就滑動、具連續性的格局劃分。臥室旁的起居空間亦不採制式客廳與沙發，而是選擇於地面鑿洞，利用最簡單的手法，讓使用者可愜意坐臥。

引光入室營造玄妙氛圍

樓板與牆面之間沒有密合的特殊設計，為「進之宅」的室內空間製造多道戲劇性光縫。而光縫與起居室上方的光洞在其外觀又刻意隱藏窗框的露出，視覺上不免引人好奇，並創造神聖性，讓量體宛如光容器一般，隨時序推演變幻不同效果。

文＿高毓霙　建築設計暨圖片資料提供＿行一建築・彭文苑建築師事務所

28

彭文苑

延伸居住者對生活的想像

學經歷

得獎紀錄

「石方之居」選以灰色抿石子鋪貼外牆，讓住宅宛若一顆石頭般靜靜座落山中，再以錯落的方窗與大自然共融，並透過露台串聯住宅的生活與戶外自然，每個開口都是一種生活與自然對話的關係。

37 歲那年，彭文苑褪下扎哈 · 哈蒂建築師事務所（Zaha Hadid Architects）主導建築師的光環，回台創辦「行一建築 · 彭文苑建築師事務所」，期間也曾於國立交通大學、淡江大學、中國文化大學以及國立台北科技大學等校任教，始終致力於以建築的影響力，讓台灣的居住空間在未來能夠邁向全新樣貌，並延伸人們對於 lifestyle 的想像，創造美好的生活品質。

國際化思維積累，創新建築視角

走上建築之路其實原不在彭文苑的生涯規劃之中，但也因為當年聯考失利，反倒讓他有機會認真思考自己究竟喜歡什麼。最終，建築專業成為他的選擇。隨後他赴美攻讀德州大學奧斯汀分校建築碩士，並於洛杉磯 Teague Design 擔任專案設計師，30 歲時更前往英國，於扎哈 · 哈蒂建築師事務所任職，一路從助理成為主導建築師。在猶如小型聯合國的設計國度裡，他面對來自世界各地的高手及客戶委託，見識了跨文化差異，讓他更能夠掌握溝通與整合的重要性，進而促使其設計理念與眼界跳脫制式思維、不自我設限，以更開放的視角實踐設計主張。

在扎哈 · 哈蒂建築師事務所工作屆滿 7 年時，他毅然離開英國，回台自立門戶，舉凡住宅、教堂競圖、小區規劃、設計展覽……等，他皆帶領著行一建築團隊以別具深度與張力的設計質量，屢屢創下口碑。一路走來，他不忘初衷，期盼透過所見所學，為台灣的建築空間及生活樣貌提供更不一樣的表現，尤其是以在地化涵養融合國外開闊思維，跳脫既定形式，構築專屬居住者的獨特空間。對於住宅的詮釋，彭文苑認為必須回歸最原始的本質，而非追求材料的高級或細緻，因此在其作品中總能看見樸實、貼近自然的設計概念。

構築特色小建築，提供生活更多可能性

「在台灣，可能 10 人當中，有 9 人不曾對自己的家懷抱想像……但住宅並非只是封閉形態，而是可描繪居住者的生活質感，創造出與環境之間更多元的互動關係。」彭文苑說，住宅其實就是生活的容器及界面，其探討的即是人與人、人與建築、人與自然，以及人與周遭事物之間的關係；建築師所要做的，便是將其具象化。這也是為何行一建築的設計從不專於特定風格。

彭文苑解釋，建築師的角色如同發酵機，不管是從生活需求出發、回應基地及自然環境的條件，或是居住者的個性、喜好及生活方式……等，都是設計過程中的重要靈感，進而「發酵」出一棟能反映上述特質的獨特住宅，並連結其家庭成員間專屬的居家想像。

「空間設計的價值，在於讓居住者的生活品質能依自身喜好而顯得更富足與多元。」彭文苑認為，建築師的任務在提供一個「更好」的概念，突破現有僵化的生活型態，為社會環境創造多一分層次與趣味。展望未來，彭文苑除了力求提升設計品質之外，他更期許透過小建築作品建立某種典範，讓民眾有更多接觸及體驗的機會，提升建築對於城市地景的影響力。

設計核心 思考關鍵 4 ⁺

設 計 核 心
思 考 關 鍵 4 ⁺

環境
地景

- 環 境 地 景
- 基 地 氣 候
- 生 活 機 能
- 材 質 主 張

多向度開口框景

「石方之居」運用立體開口向自然借景，框構出室內生活的多
樣風貌。為了滿足女主人的烘焙需求，以及應對山區冬天的濕
冷氣候，更將煙囪與樓梯整合，藉由熱輻射效應使空氣乾燥，
而開窗與天井設計則利於自然通風，調節室內溫度與氣流循
環。

延伸自土地的輪廓表現

一望無際的田野上，貼近土地而生的「東隱之家」猶若大地的
延伸，屋頂於地平線上輕繪出隨著自然起伏的線條，將生活與
空間巧妙地融入藍天、群山與田野之間，與自然一同呼吸、律
動，深刻感受自然裡陽光、微風、雨水與景觀的變化韻味。

生 活
機 能

生活內庭呼應自然景貌

屋頂平台旨在提供生活另一個向度的
視野與可能,發想自台灣傳統合院中
的回字型建築配置,在自然與建築之
間創造出一個擁有「生活內庭」與
「自然外庭」的空間序列,廊道則串
聯起住宅內不同的生活場域與片段,
引導居住者穿越建築的內與外。

穿透式設計納入光與自然

以通透天井構築屋頂一隅,並以玻璃
圍欄構建露台。其穿透性材質的運
用,提供房子明亮的採光與綠意,讓
建築、居住者與自然環境之間有更多
和諧緊密的連結與對話機會。

特別收錄

搞懂營造體系，流程步驟、溝通策略、評鑑指南 Step by Step 全解

Tip 1 營造商多方比較不吃虧

當圖面設計完畢後，就必須開始找營造商進行估價施作的工程。一般在找營造商時，可請建築師提供有配合過的廠商或是由親友口碑介紹，請對方依照施工圖提供估價單，先從估價單來評估其報價是否嚴謹，是否有列出各項材料的品牌等級、數量等，進而判斷其品質。

另外，從營造商的等級也能評斷施工品質的好壞。營造商的種類可分為甲級營造、乙級營造、丙級營造，以及一般的土木包工。其不同等級由政府依照其資本額、專業證照的取得，以及歷年施工績效評鑑而來。由於自地自建案的規模相對很小，因此多半由土木包工或丙級營造承攬；乙級營造相對丙級而言施工技術優良、規模也較大，金流掌握度高，較不能擔心做到一半捲款潛逃的情形。

若資金充裕，建議可以尋找乙級營造商為主。土木包工雖然便宜但耗時費力，屋主必須自行監工，掌控所有分包商的進度與協調進場時間，若有問題，可能無法立即解決，除非能找到可信賴的統包商。再加上土木包工的技術能力良莠不齊，屋主依賴各自分包的方式，事後若發生問題則容易相互推諉，難以釐清權責。

廠商種類

由於營建工作包括施工技術、操作機械、施工方法等，具有極高的專業強度及知識，

必須長期累積經驗與學習才能有效掌控。同時在施工過程中常有突發狀況需應變，現場的即時處置必須倚靠專業人員的判斷，若是經驗不足導致處置不當，可能會造成人員傷亡，甚至房子蓋好之後有居住的危險。因此，政府依照公司的資本額、專業證照的取得以及歷年施工績效，而將營造廠分等，作為工程品質水準的評估依據。

01 甲級營造

以承攬大型公共工程為主，具有優良的施工能力及技術，較能解決複雜的施工問題。

02 乙級營造

公共工程與自宅案皆有承包，但自宅案較少。

03 丙級營造

由於入門門檻低，丙級營造商數量較多，品質參差不齊需謹慎挑選。自宅案承包較多。

04 土木包工

為一般分包商，當營造商取得工程合約後，會再分發給土木包工施作，不列於政府所評鑑的範圍內。

評鑑指南

01 親友介紹有口碑的公司

　　可向有自地自建經驗的親朋好友打聽具優良口碑的營造商。透過親友的介紹及推薦，可知曉該營造商是否值得信任與合作。

02 避免選擇借牌的公司

　　在營造業當中，借牌的情形相當普遍。由於經營營造廠需有一定規模，但一般土木包工並不具備，因此為了拿到工程合約會與其他合格業者付費商借營造業牌照來承攬。對屋主而言，在簽約時要注意的是合約簽署者是以誰的名義，如果是與出借牌照的甲廠商簽署，而非實際承攬業務的乙廠商，若不幸遇到乙廠商惡意停工，那麼在法律上被追究責任的則會是出借牌照的甲廠商，這時就難以用法律去約束規範原承包商了。

03 透過工程會議選拔

　　建議應至少找 2 ～ 3 家合格且有牌照的營造商來比較、估價，並分別召開工程說明會議。過程中，可了解營造商對工程是否熟悉、有無能力解決施工問題，藉此有效評估各家的優缺點。同時，也可確認各家提供的估價單中是否精確標明材料、品牌、數量、尺寸及價格，進而評判報價是否確實，避免事後糾紛。進行工程會議時，可請建築師陪同，較能協助評鑑營造商的優劣。不論最後選擇哪家，都建議要去其承包的施工現場或完工後的房屋觀察施工成效。

諮詢流程步驟

尋找2～3家有口碑信譽的營造商

提供施工圖面給營造商報價

營造商安排工程說明會議

評估各家的施工、報價後決定

簽約

> 簽約時，需注意付款的工程期數是否有明確定義。

營造商申請開工

> 屋主應依照施工的進度付費，確認有做到依圖面施工且品質良好才能付款。若事先預付工程款，可能會有營造商拿錢不辦事的情況。

施工

建築師重點監造　　　會同建管單位勘驗

改善工程缺失

完工驗收

申請使用執照

改善工程缺失

複驗通過

交屋驗收

Tip 2 營造合約保障施工順暢

當決定好屬意的營造商後，便要進行簽約。在擬定合約時，營造商與業主都應盡量設想可能發生的違約狀況，以保障自身權益。從付款方式、工程期限、工程變更及追加（減）、禁止轉包原則、工程監督及遲延履約等條款，均應明列雙方的權責歸屬與罰則，以避免權責不清。

像是關於付款辦法中各階段工程申請監造單位估驗計價的時間點、認定標準也應該記載清楚，以免付款發生爭議。要特別注意是否明列完工期限、逾期違約金如何計算，以防工程延誤。另外，關於追加工程預算的程序（廠商報價、業主確認）也應該要有條文規範。

在完工驗收部分，常見合約對於「完工」、「竣工」並未明確定義。因此，營造商會主張工程已實質完成就視為已經完工，但屋主則應主張改善驗收後發現的所有缺失才算實質上完工。這部分必須在雙方簽約時就談妥，以免日後衍生「尾款應否付款」的爭議。

不可不知

01 事先預留保固保證金

一旦房屋發生問題，通常會請第三方來鑑定是「人為使用損害造成」或「原先施工不當造成」，若是無法釐清，即可動用保固責任來處理。如果有預留「保固保證金」（通常為工程總價之 5 ~ 10%），在營造商拒絕維修時，業主則可自行修繕並從保固保證金中扣除。

02 於合約中註明按圖施工

當發現營造商在過程中沒有按圖施工而必須重新修改，導致無法竣工驗收，若這時合約中訂有罰則，則依照逾期的罰則要求賠償。另外，建築師在施工過程中如果沒有善盡監督勘驗的責任，屋主也可向建築師請求逾期完工的罰款。

溝通策略

01 合約寫明雙方應盡的責任及義務

在簽訂合約前，要思考可能會發生、遭遇的問題，並於合約中寫明各項條例中雙方應盡的責任與義務，如有需要可逐項添加懲罰性條款。若有疑問可向營造商溝通，並可延請代書或律師進行協助。

02 報價單也需重新審閱

　　除了合約要看仔細之外，報價單（估價單或工程標單）的計價方式也要再次確認清楚，以確保是否有遺漏未盡之處。在施工過程中，最常發生的爭議是材料的等級、品牌等問題，因此報價單中需詳註品牌名稱與型號，一旦缺貨需要更換，也能爭取同等級的商品。

03 施工、停工問題需事先規範

　　一般蓋房子最常碰到的就是工期問題，即開工、完工、延長（展延）工期或暫停施工等情況。若欲防止營造商惡意停工、怠工，可於內文列出關於施工進度延遲的認定標準及懲罰性條款，避免進度落後不前。

04 付款期數內容需定義清楚

在營建合約的付款項目中，何時該付費通常會是爭議所在，比方說若該期的付款施工項目為「1樓結構體完工」，但究竟該如何分辨其完工程度，因此必須定義得更明確一些，例如「1樓RC外牆與RC地板鋪鋼筋及灌漿，以及內牆磚砌至1樓頂版完成」。付款辦法應明訂各期施工完成項目的原因在於，避免營造商偷偷提前收取所有費用後惡意停工。

05 要求具備完善保險措施

施工中為預防鄰損或屋主、勞工發生人身安危等狀況發生，可事先訂約要求營造商投保「營造工程綜合損失險」及「營造工程第三人意外責任險」來保障。

06 需要簽訂保固書

房子蓋完後，可透過保固條款請營造商進行維修改善，但許多機電設備及管線的保固期可能僅 1～3 年不等，因此給付尾款的同時最好簽訂保固書，以免營造商在保固期限未截止前就不負保固責任。

07 保固條款需經過詳細擬定

保固期間的責任與瑕疵判定也很容易引起糾紛，屋主認為是工程上的疏失，營造商則認為是因屋主使用不當才造成，因此在保固條款中，可指定第三方鑑定機構，例如建築師公會、結構技師公會、土木技師公會等來進行判定。不過有一點要提醒注意的是，保固條款中若寫成「需業主證明施工不當才會進行修復」時，意即「證明責任」在業主這方，必須由業主提出證明，則此一條款本質上是「假保固」，因為施工不當造成瑕疵本來就是營造商的責任，儘管保固期已過也應該負責。

簽約流程步驟

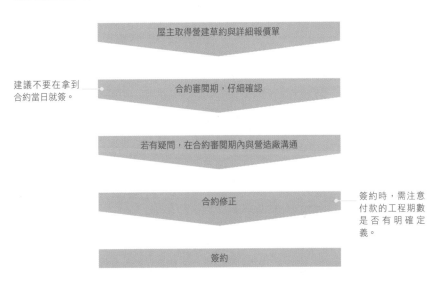

"*Architecture should speak of its time and place, but yearn for timelessness.*"

—— *Frank Gehry*

圖片提供：behet bondzio lin architects x 清水建築工坊　攝影：趙宇晨

蓋自己的房子 9

蓋自己的房子！最強建築師協力造屋實踐方案
從找地、規劃到營造，30位建築師詳解台灣單棟住宅設計

作者	漂亮家居編輯部
責任編輯	李奕霆
採訪編輯	李奕霆、李佳芳、吳念軒、李與真、施文珍、陳婷芳、高毓霠、張景威、張惠慈、許嘉芬、詹雅婷、蔡婷如、蘇歆雅
封面設計	鄭若誼
版型設計	鄭若誼
美術設計	鄭若誼、王彥蘋、詹淑娟
行銷企劃	廖鳳鈴

發行人	何飛鵬
總經理	李淑霞
社長	林孟葦
總編輯	張麗寶
副總編輯	楊宜倩
叢書主編	許嘉芬

國家圖書館出版品預行編目（CIP）資料

蓋自己的房子！最強建築師協力造屋實踐
方案：從找地、規劃到營造，30位建築師
詳解台灣單棟住宅設計／漂亮家居編輯部
著.--初版.--臺北市：麥浩斯出版：家庭傳
媒城邦分公司發行,2018.10
　面；　公分. --（蓋自己的房子；9）
ISBN 978-986-408-428-9（平裝）
1.房屋建築 2.室內設計 3.空間設計

441.5　　　　　　　　　　107017112

出版	城邦文化事業股份有限公司麥浩斯出版 地址：104台北市中山區民生東路二段141號8樓 電話：02-2500-7578 Email：cs@myhomelife.com.tw
發行	英屬蓋曼群島商家庭傳媒股份有限公司城邦分公司 地址：104台北市中山區民生東路二段141號2樓 讀者服務專線：0800-020-299（週一至週五09:30～12:00、13:30～17:00） 讀者服務傳真：02-2517-0999 讀者服務信箱：service@cite.com.tw 劃撥帳號：1983-3516 劃撥戶名：英屬蓋曼群島商家庭傳媒股份有限公司城邦分公司
香港發行	城邦（香港）出版集團有限公司 地址：香港灣仔駱克道193號東超商業中心1樓 電話：852-2508-6231　傳真：852-2578-9337 Email：hkcite@biznetvigator.com
馬新發行	城邦（馬新）出版集團Cite（M）Sdn. Bhd. 地址：41, Jalan Radin Anum, Bandar Baru Sri Petaling, 57000 Kuala Lumpur, Malaysia. 電話：603-9057-8822　傳真：603-9057-6622
總經銷	聯合發行股份有限公司 電話：02-2917-8022　傳真：02-2915-6275
製版印刷	凱林彩印有限公司 版次：2018年10月　初版一刷